Heinz Haber

Stirbt unser blauer Planet?

Die Naturgeschichte
unserer übervölkerten Erde

Deutsche Verlags-Anstalt
Stuttgart

ISBN 3 421 02649 1

© Deutsche Verlags-Anstalt GmbH,
Stuttgart
Alle Rechte vorbehalten
Umschlagentwurf: Klaus Dempel, Stuttgart
Umschlagbild: Blick auf das Atlasgebirge
Nordafrikas und auf die Ausläufer des süd-
amerikanischen Kontinents, aufgenommen
am 18. November 1967 von dem ATS-3-
Satelliten (USIS).
Gesamtherstellung:
Deutsche Verlags-Anstalt GmbH,
Grafischer Großbetrieb, Stuttgart
Printed in Germany

5678099734

Inhalt

Vorwort 7

1 Das ungelöste Problem 9

2 Das goldene Gleichgewicht 19

3 Die menschliche Zeitbombe 28

4 Unser täglich Brot 37

5 Keine Rose ohne Dornen 47

6 Das kostbare Luftmeer 57

7 »Alarm« – ein Gramm pro Tonne 69

8 Unser Feind, das Atom 82

9 Mensch und Energie 94

10 »Seid fruchtbar und mehret euch« 108

11 »Der letzte Intelligenztest« 119

12 »Morgen, morgen, nur nicht heute!« 130

Bildnachweis 140

Für die fünf Milliarden Kinder,
geboren im letzten Drittel dieses
Jahrhunderts.

Vorwort

In regelmäßigen Abständen von zwei, drei oder fünf Jahren pflege ich die Bücher meiner Lieblingsautoren zum zweiten oder dritten Mal zu lesen: Aldous Huxley, Robert Jungk, Arthur Koestler und Isaac Asimov, um nur einige zu nennen. Der Zufall will es, daß gerade diese Autoren, deren Ideenreichtum mich immer schon fasziniert hat, sich alle in ihren jüngsten Büchern mit der Zukunft der Menschheit und ihrer schweren Problematik befaßt haben. So war ich nicht nur erfreut, sondern sogar auch erstaunt, als ein weiterer Lieblingsautor von mir, der amerikanische Novellist James A. Michener, mit seinem letzten Buch ebenfalls dieses Thema angepackt hat. Von ihm hatte man es eigentlich überhaupt nicht erwartet. Er ist ja der große Verehrer des Pazifik und der Südsee, und von ihm stammen die klassischen Werke *Return to Paradise, Sayonara* und *Hawaii* – die große Saga dieser schönen Inselgruppe. Auch ist er der Autor des berühmten Musicals *South Pacific*. Sein letztes Buch trägt den Titel *The Quality of Life,* was man nicht einfach mit »Die Qualität des Lebens« übersetzen darf. Besser sollte man sagen: »Das gute Leben.« Michener befürchtet mit Recht, daß die Übervölkerung und die Supertechnik unserer Zeit bald unser gutes Leben zerstören würden. Einige Passagen aus diesem Buch sind so markant, daß ich sie hier ohne jede Auslassung zitieren möchte:

»Ich bin von einem Argument tief beeindruckt, daß nämlich der Mensch, wenn er eine bestimmte Dichte in seiner Bevölkerung erreicht, selbst ein Element der ›Verschmutzung‹ wird. Seine Umwelt muß verderben – gleichgültig, welche Schritte der Mensch auch dagegen unternimmt. Die Abwässer, der Müll, die Luftverschmutzung – der Zwang, immer mehr Straßen und Parkplätze zu bauen, das Bedürfnis nach immer größeren Schulen und Supermärkten, die Erschöpfung der Naturschätze vom Wasser bis zum Molybdän – diese Faktoren vereinen sich, um die natürliche Kulisse, in der der Mensch gedeiht, zu zerstören. Sodann, wenn man noch den Lärm dazuzählt, das physische Gedränge, das ständige Gezerre an den Nerven, der psychische Schock, den wir erleben, wenn immer größere Zahlen von Menschen durch Streiks und soziale Unruhen um ihren Anteil der sich immer weiter vermindernden Naturschätze raufen – wenn man an den Ärger denkt, daß die Müllabfuhr nicht funktioniert und Flugzeuge gekapert werden: dann steht man einer psychologischen Verschmutzung gegenüber, die am Ende das Leben nicht mehr lebenswert macht.«

Ich hätte diese Passage aus dem Buch von Michener nicht zitiert, wenn sie nicht mein Thema so einfach und geschlossen umrissen hätte. Man kann dem eigentlich nichts hinzufügen, und es wäre nach den Werken der genannten Autoren auch gar nicht nötig, noch ein weiteres Buch über das Thema zu schreiben, das allgemein unter den Begriffen »Übervölkerung« und »Umweltverschmutzung« läuft. Als Naturwissenschaftler jedoch liegt mir daran, eine Naturgeschichte dieses Phänomens zu schreiben. Dabei möchte ich mich, soweit ich es kann, an die Tradition naturwissenschaftlicher Darstellungen halten – eine Tradition, welche die Dinge möglichst leidenschaftslos beschreibt. So kommt es mir in erster Linie darauf an, die Naturgesetzlichkeit meines gewählten Themas zu erläutern. Die zum Teil sehr erschreckenden Tatsachen jedoch zwingen mich immer wieder dazu, zu einzelnen Konsequenzen Stellung zu nehmen. In diesen Punkten freilich wird das vorliegende Manuskript subjektiv, und meine Schlüsse müssen auch mit einem Körnchen Salz entgegengenommen werden. Vor der Abfassung dieses Manuskripts bin ich gebeten worden, der Darstellung vielleicht doch eine etwas optimistischere Tendenz zu geben. Für die Aufzählung einer reinen Naturgesetzlichkeit wäre das nicht möglich – denn hier zählen ja nur nachweisbare Fakten. Worauf ich hier jedoch anspiele, ist ein persönlicher Rat, den mir mein Kollege und langjähriger Freund Robert Jungk gegeben hatte, als ich ihm von meinen Plänen für dieses Buch zum ersten Mal erzählte. »Bitte stelle die Dinge nicht so hoffnungslos dar, wie sie dir jetzt wohl erscheinen. Gib dem Menschen mit seiner Fähigkeit, auch gewaltige Probleme lösen zu können, doch einen gewissen Kredit.« Ich weiß nicht, ob mir die Beschreibung der Naturgesetzlichkeit unseres Themas ausreichend Raum gelassen hat, dem

Vorschlag meines Freundes Robert Jungk zu folgen. Ich kann nur sagen, daß ich mein Bestes getan habe.

Wenn ich bei dieser Darstellung schon Subjektivität nicht vermeiden konnte, so wollte ich wenigstens auch ihre Vorzüge nutzen. Bei der Abfassung habe ich immer wieder von der Form der ersten Person Gebrauch gemacht – eigentlich nur deshalb, weil entscheidende Entwicklungsphasen dieses Themas in die Jahrzehnte meiner eigenen Erfahrungen als Wissenschaftler fallen. Zusammen mit Robert Jungk wird mancher Leser den Eindruck gewinnen, daß die Dinge vielleicht doch nicht ganz so bedrohlich seien, wie ich sie an vielen Stellen hier dargestellt habe. Andererseits braucht ja auch das vorliegende Manuskript nicht das letzte zu sein, das alles enthält, was ich zu diesem Thema vielleicht noch zu sagen habe.

Wie schon öfters zuvor möchte ich auch bei dieser Veröffentlichung meinem Verleger meinen aufrichtigen Dank aussprechen, daß er wiederum für mein Manuskript ein so großes Interesse gezeigt und dieses Buch mit ausgezeichneter Betreuung und Fürsorge herausgebracht hat. Meiner Frau Irmgard möchte ich zum Schluß herzlich danken, da sie mir auch bei diesem Buch wiederum bei der Sammlung und Sichtung des Materials, bei der Abfassung des Textes und vor allem durch die Formulierung des Titels eine unersetzliche Hilfe war.

Seefeld/Tirol
Im Frühjahr 1973   *Heinz Haber*

1 Das ungelöste Problem

»Ungelöst wird dieses Problem alle unsere anderen Probleme unlösbar machen.«

Als ich diese Feststellung im Jahr 1954 zum ersten Mal hörte, ließ ich mir nicht träumen, daß ich darüber knapp 20 Jahre später ein Buch schreiben würde. Der Satz stammt von dem englischen Schriftsteller, Wissenschaftler und Essayisten Aldous Huxley, der damit das Problem der Übervölkerung unserer Erde treffend und mit großer Voraussicht gekennzeichnet hatte. Mit Huxley verband mich damals bis zu seinem frühzeitigen Tod im Jahr 1963 eine sehr fruchtbare Freundschaft. Erst heute beginne ich zu erkennen, wie sehr die Ideen dieses klugen Mannes auf meine Ansichten eingewirkt haben und wie sehr sie mich auch heute noch beeinflussen. Damals, dem 20 Jahre Älteren gegenüber, war ich noch ein junger Wissenschaftler; manchem seiner Gedankengänge konnte und wollte ich nicht folgen. Inzwischen jedoch habe ich in meiner wissenschaftlichen Anschauung einen Standortwechsel vollzogen; ja, ich habe vielleicht sogar einen Gesinnungswandel durchgemacht. Es wäre bestimmt müßig, aus meinem wissenschaftlichen Werdegang zu erzählen, da eine Biographie für andere keineswegs so spannend ist wie für den Betroffenen selbst. Die Wende in meinem Ausblick jedoch, welche sich damals andeutete und heute vollzogen hat, erscheint mir symptomatisch für das Problem, das ich in diesem Buch anschneiden will: die Naturgeschichte unserer übervölkerten Erde.

Ich will kurz beschreiben, welcher Meinung ich damals war. Ich bin mit dem Geistesgut der modernen Naturwissenschaften aufgewachsen. Archimedes, Isaak Newton, Albert Einstein und Werner Heisenberg waren für mich die Repräsentanten der überaus erfolgreichen Bemühungen des Menschen, die Natur des Universums, in dem wir leben, zu begreifen.

Der Grenzen unserer Erkenntnis freilich bewußt, waren wir jungen Forscher im zweiten Drittel dieses Jahrhunderts dennoch von dem großen Erfolg unserer Wissenschaft überzeugt, ja sogar begeistert. Wenn auch die Rätsel der Natur schneller wuchsen, als wir sie lösen konnten, so hat uns dennoch ein großer Optimismus bewegt: Mit der rechten Anstrengung und mit dem rechten Geist der Forschung, so glaubten wir, sei schließlich jeder weitere erwünschte Fortschritt erreichbar. Dieser Geist ließ uns damals nach den Sternen greifen, und was lag näher, als daß ich mich jener kleinen Gruppe von Wissenschaftlern anschloß, welche sich die Eroberung des Weltalls zum Ziel gesetzt hatten.

Bei den Untersuchungen, an denen ich seinerzeit als junger Wissenschaftler teilnahm, wurde ich, ohne daß ich es eigentlich so recht wollte, immer mehr auf einen Himmelskörper hingelenkt, dessen Erforschung nicht unmittelbar zum Bereich der Astronomie und der Weltraumfahrt gerechnet wird: unsere Erde. Ich erinnere mich noch an den letzten Satz meines ersten Buches über Weltraumfahrt, das ich 1952 in Los Angeles schrieb. Dort habe ich unsere eigene Erde als das wichtigste Ziel der Weltraumforschung bezeichnet. Dann traf ich Aldous Huxley, und in vielen Gesprächen hat er mich eben sehr stark beeinflußt. Er arbeitete damals gerade an dem Manuskript seines vielleicht bedeutendsten Buches: *Brave New*

Eine große Zahl von überwältigend schönen Fotos der Erde aus dem Weltall hat uns mit dem kosmischen Anblick unseres blauen Planeten vertraut gemacht: Hier die Erde als Ganze in Dreiviertelphase. Nur ein großer Abstand von unserem Heimatplaneten kann unsere Erde in einer Phasenform zeigen, wie wir sie vom Mond her kennen.

World Revisited. Darin hat er bereits, seiner Zeit weit voraus, als echter Humanist die großen Gefahren der bis dahin so strahlend optimistischen Wissenschaft gesehen. Mit der Beherrschung der Naturkräfte durch uns, so schien es ihm, war es gar nicht so weit her. Im Gegenteil, die materiellen, ja sogar die intellektuellen Abfälle dieser so unerhört erfolgreichen Naturwissenschaften und Technik würden seiner Meinung nach der Menschheit sehr bald schwer zu schaffen machen. Er war der erste echte Pessimist unter uns vielen Optimisten. Auch hat er damals schon das Zentralproblem erkannt, welches in diesen Jahren und Jahrzehnten zur größten Bedrohung in der Geschichte der Menschheit heranreifen wird: Die Über-

völkerung der Erde. Im ersten Kapitel seines vorhin erwähnten Buches schrieb er über das Problem der Übervölkerung ebenjenen ganz einfachen Satz: »Ungelöst wird dieses Problem alle unsere anderen Probleme unlösbar machen.«

Ich glaube nicht, daß eine andere Feststellung meine Meinung über die Welt mehr

beeinflußt hat. Ich begann, die Konsequenzen sehr bald auf jenes Gestirn anzuwenden, das in der Zwischenzeit zu meinem liebsten Himmelskörper geworden war: auf unsere Erde. Für jeden von uns liegt es heute auf der Hand, daß wir diesem Planeten, diesem Juwel unter den Gestirnen, durch unsere Supertechnologie bereits übel mitgespielt haben. Im folgenden will ich keineswegs – wie schon viele andere – lediglich über die berüchtigte Umweltverschmutzung Klage führen. Wichtige Bücher und Artikel sind darüber seit längerer Zeit erschienen, in denen erschreckende Zahlenangaben nachzulesen sind. Es hätte wenig Sinn, wenn ich als Physiker und Astronom aus diesen Büchern abschriebe. Chemiker und Biologen,

Das Nildelta mit dem Suezkanal zeigt sich, vom Weltall aus gesehen, meist völlig wolkenfrei. Meer und Fluß erscheinen dunkeltiefblau in einem Farbfoto.

Psychologen und Ökologen verstehen von diesen Dingen mehr als ich, und jeder von uns sollte eigentlich die warnenden Schriften dieser Fachleute einmal durchlesen. Die Aufgabe, die dieses Buch hier erfüllen soll, besteht eigentlich nur darin, die Naturgesetzlichkeit unseres blauen Planeten mit uns als seinen Bewohnern nachzuzeichnen. Vor

Der Titicacasee, der größte See Südamerikas an der Grenze zwischen Bolivien und Peru, ist sechzehnmal so groß wie der Bodensee. In einer Höhe von fast 4000 Meter ist er heute der vielleicht noch sauberste See der Welt.

zwanzig Jahren hätte ich dieses Buch noch etwas anders angepackt – fröhlicher, optimistischer und mit gespannter Erwartung der Zukunft. Inzwischen habe ich mich zu einer anderen Anschauung über die Wirkung unserer Naturwissenschaften und unserer Technik bekehrt.

Heute beginnen viele, den klaren Blick von Aldous Huxley, den er mit seiner Feststellung vor fast 20 Jahren bewiesen hat, in seiner ganzen Tiefe zu erkennen und damit auch zu bewundern. Es ist in der Tat so, daß die dringlichsten Probleme der Menschheitszukunft um die Übervölkerung unseres Planeten kreisen wie um ein Gravitationszentrum. Wir wären fast aller Sorgen ledig, die wir uns heute um das Schicksal unserer

Kinder und Enkel machen müssen, wenn uns dieses zentrale Problem der steigenden Übervölkerung unseres blauen Planeten nicht ins Gesicht starrte. So aber fühlen wir heute schon weltweit schmerzlich die Auswirkungen der Tatsache, daß wir der Zahl nach für unseren kleinen Planeten schon viel zu viele geworden sind. Die Begriffe »Um-weltschutz« und »Umweltverschmutzung« sind, wie eben bereits erwähnt, in der letzten Zeit sehr in Mode gekommen. Die jungen Protestler an unseren Universitäten haben sich den Kampf gegen gerade diese unschö-nen Entwicklungen der letzten zwei Jahr-zehnte auf ihre Fahnen geschrieben. Sie machen geltend, daß eine gewinnsüchtige Gesellschaftsform dem steten Wachstum der Produktion verfallen sei und durch eine Superindustrie das Land, das Meer und die Luft verderbe. Nur eine neue Gesellschafts-form, die mit wirksamen Kontrollen aller-orts eingriffe, könne diesen drohenden Ge-fahren für unsere Zukunft Einhalt gebieten. Bei solchen Argumenten wird oft übersehen, daß die Weichen für eine Fahrt in diese un-

Die Südspitze des Subkontinents Indien mit dem tropenförmigen Anhängsel Ceylon. Die See ist mit typischen Tupfenwolken bedeckt, die längs der Südwestküsten verschwinden und sich über dem Festland verdichten.

13

schöne Zukunft für die Menschheit als Ganze schon längst gestellt sind. Auch die sozialistischen Länder müssen angesichts der stets wachsenden Bevölkerung ihrer eigenen Länder eine entsprechend stets wachsende Superindustrie und Superlandwirtschaft betreiben. Gerade die sozialistischen Länder müssen dies um so mehr tun, als sie sich in

der Rolle als Heilsbringer der unterprivilegierten Völker der Erde gefallen. Um den riesigen Menschenzuwachs gerade in diesen Nationen heute und gar in der Zukunft ausreichend versorgen zu können, müssen Industrie und Landwirtschaft mit vollen Touren wachsen. Bei jedem Erzeugungsprozeß jedoch sind nach dem Satz über die Entropie niederwertige Abfälle überhaupt nicht zu vermeiden. Eine Verringerung oder Unschädlichmachung dieser Abfälle erfordern einen so großen zusätzlichen Aufwand, den sich eine sozialistische Gesellschaftsform mit ihrer geringeren Wirksamkeit noch weniger leisten kann als die Industrieländer des Westens. Gleichgültig welcher Gesellschaftsform wir huldigen – wir alle spüren

Der Mississippi, der größte und längste Fluß Nordamerikas, strömt mit gewaltigen Schlingen seiner Mündung zu. Trotz der großen Höhe der Aufnahme sind auch die Nebenflüsse noch zu erkennen (Blickrichtung von Louisiana nach Norden).

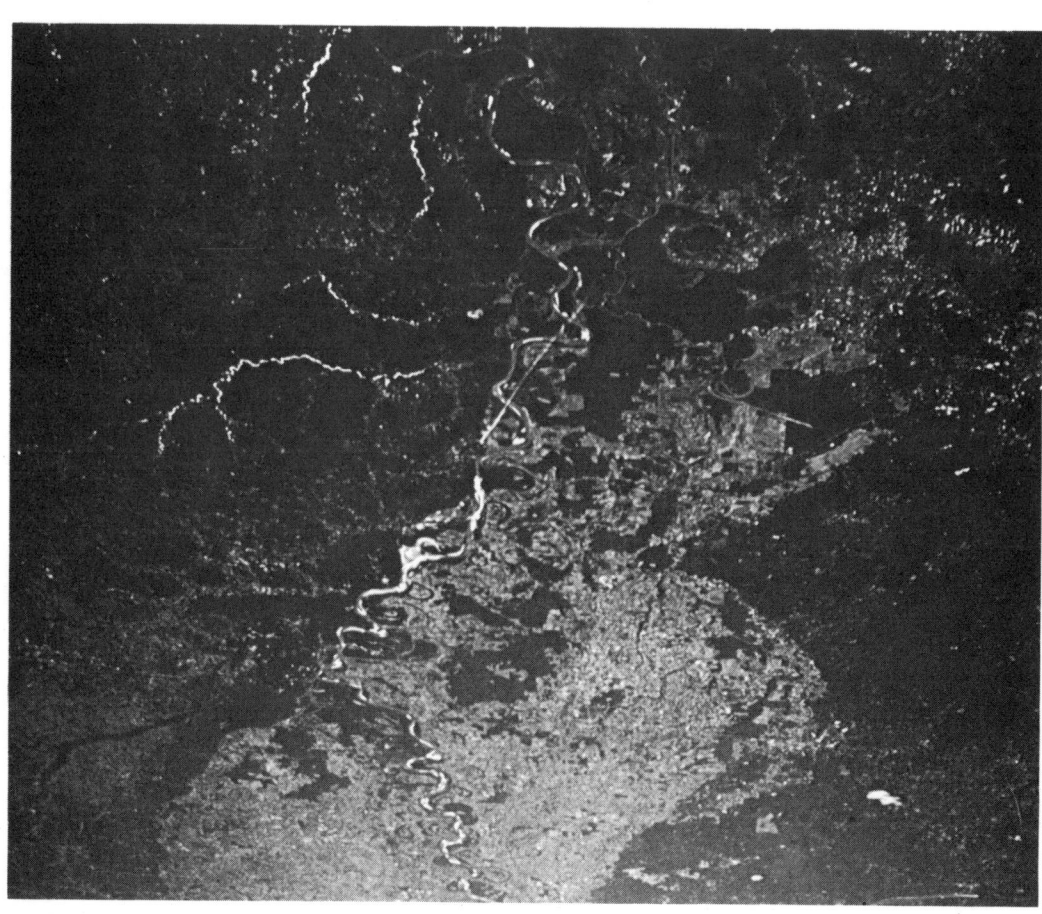

die Faust im Nacken, und wir alle müssen unsere Produktion in der Industrie und Landwirtschaft jedes Jahr um wenigstens jenen Prozentsatz erhöhen, um den die gesamte Menschheit jährlich wächst. Weltweit gesehen halten wir heute mit dieser Forderung nicht einmal ganz Schritt. Trotz aller Anstrengungen wird das Leben für alle Menschen auf unserem blauen Planeten von Jahr zu Jahr schlechter.

Aus jener Feststellung von Aldous Huxley läßt sich in der Tat unsere ganze Zukunftsproblematik ableiten. Das kann man mittels der Naturgesetzlichkeit unseres Planeten und von uns selbst auf ihm nachweisen. Man könnte durchaus der Meinung sein, daß unsere heutige Kenntnis der Naturgesetze noch lange nicht der Weisheit letzter Schluß sein muß. Das ist auch bestimmt nicht der Fall. Allerdings haben wir in den letzten 200–300 Jahren doch recht verläßliche Einblicke in das Wesen der Natur gewonnen, so daß man Voraussagen, die auf diesen Erkenntnissen fußen, trauen kann, ja selbst trauen muß. Wir wären sogar

Dünenlandschaften aus Nordwestafrika zeigen sich mit vielen Details in der Klarheit der subtropischen Atmosphäre. Dies ist eine der wenigen Stellen, an denen Luftverschmutzung vom Weltall aus nicht zu bemerken ist.

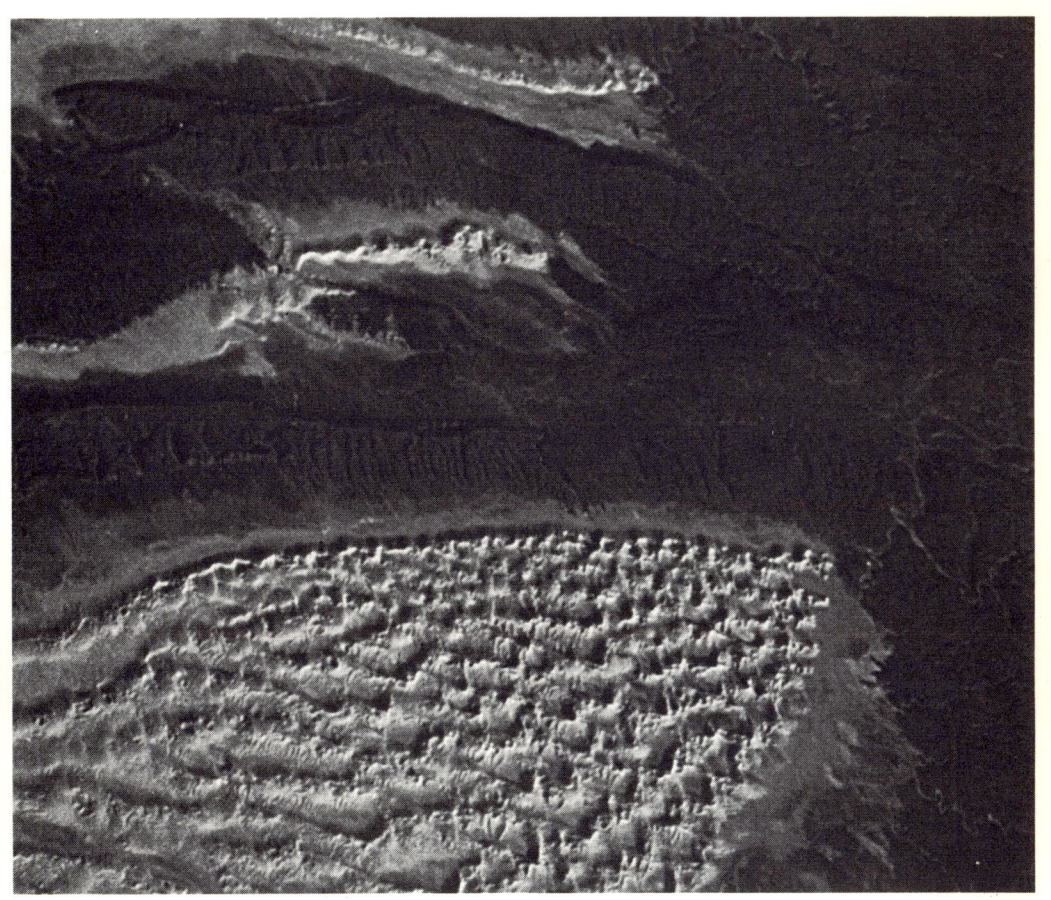

unverantwortlich, wenn wir die Schlüsse, die wir aus den als sicher erkannten Naturgesetzen ziehen müssen, deswegen beiseite schöben, weil sie uns nicht in den Kram passen. Für eitle Hoffnungen und Wunschträume läßt uns die Sicherheit unserer wissenschaftlichen Voraussagungen immer weniger Raum. Das kann man schon daran erkennen, daß es in den Naturwissenschaften und in der Technik während der letzten 30 Jahre zwar sehr viele erstaunliche Neuentwicklungen gegeben hat – aber nur sehr wenig echte Überraschungen. Es hat sich in jener Zeit eigentlich nichts ereignet, was Wissenschaftler, ihrer Kenntnis der Naturgesetze sicher, nicht schon vor Jahren mit erstaunlicher Treffsicherheit vorausgesagt hätten.

Das ist der Grund, weshalb uns die überwiegend pessimistischen Prophezeihungen der Wissenschaftler von heute mit ihrem bitteren Ernst beschäftigen müssen. Es führt wohl kein Weg daran vorbei, daß die Zahl der Menschen zur Jahrtausendwende sieben Milliarden übersteigen wird. Wie wir später zeigen werden, ist die Entscheidung für das Volumen der Erdbevölkerung in weniger als 30 Jahren bereits gefallen. Dieser Schluß ist unabwendbar. In gleichem Maßstab werden auch alle jene Probleme wachsen, die in direkter kausaler Bindung mit der Übervölkerung unseres blauen Planeten stehen.

Es hat sich gezeigt, daß unsere Erde ihre Existenz einer Reihe von Gleichgewichtszuständen verdankt. Das Weltmeer, der Luftozean, die Temperatur und das Klima sowie die physikalischen und chemischen Kräfte unserer Erde sind schon seit Jahrmilliarden so ideal ausgewogen, daß unser Planet zur Wohnstätte des Lebens werden konnte und heute auch noch ist. Und wenn dieses delikate Gleichgewicht an auch nur wenigen Stellen ins Wanken gerät, kann es zu einer Katastrophe kommen. So ist es früher in der Erdgeschichte mit den Eiszeiten schon öfter

geschehen. Auch gibt es biologische Störungen des Gleichgewichts, wenn sich bestimmte Gattungen von Tieren und Pflanzen gelegentlich explosionsartig vermehren. Schon die Bibel spricht von der Heuschreckenplage. Zu Beginn ihrer Geschichte hat die Menschheit sich mit Klauen und Zähnen an das Leben klammern müssen, und es hat Zehntausende von Jahren gedauert, bis der Mensch vor dem Aussterben bewahrt wurde und auf diesem Planeten echt Fuß faßte. In diesem Lebenskampf schließlich hat der Mensch in den letzten 200 Jahren einen gloriosen Sieg davongetragen. Weit davon entfernt, von der Gefahr des Aussterbens bedroht zu sein, steht er jetzt vor einer Katastrophe der Übervölkerung. Es läßt sich nicht leugnen: Der Mensch ist als Gattung zu erfolgreich geworden.

Früher, als die Beschaffung der Nahrungsmittel noch ein sehr mühseliges Geschäft war, lebte die Menschheit eigentlich immer am Rande des Hungertodes. *Unser täglich Brot gib uns heute,* so heißt es im Gebet. Mit seiner Supertechnik und Superlandwirtschaft gelang es dem Menschen dann, die Gefahr eines weltweiten Hungers zu bannen; damit öffnete er einer ungehemmten Vermehrung Tür und Tor. Es ist eigentlich erstaunlich, daß es uns heute gelingt, fast vier Milliarden Menschen, mit nur ein paar Millionen Verhungerter pro Jahr, zu ernähren. Allerdings darf man sich nicht wundern, daß diese erstaunliche Leistung nur unter Opfern erbracht werden kann. Es gibt keine Rose ohne Dornen, und kein Mensch hat das Recht, sich über die Verschmutzung unserer Flüsse und Seen durch künstliche Düngemittel und die Vergiftung unserer Umwelt durch die modernen Insektenvernichtungsmittel zu beklagen. Die Alternative zur Erhaltung unserer Umwelt bestünde darin, daß 50 oder 100 Millionen Menschen mehr im Jahr verhungern müßten.

Auch unsere moderne Industrie muß alle Anstrengungen machen, um dem steil hochschießenden Bedarf der Menschheit an Konsumgütern und Transportleistungen gerecht zu werden. Daß dabei die Luft verschmutzt wird, schiebt man immer auf den anderen, der sich auch erlaubt hat, ein Auto zu kaufen und an die Produktion von Konsumgütern immer höhere Ansprüche zu stellen. Sodann, wie es bei der explosiv wachsenden Bevölkerungszahl mit der Energieversorgung werden soll, kann man sich heute nur sehr schlecht ausmalen. Die Hälfte der fossilen Brennstoffe – Kohle, Öl und Erdgas –, vielleicht sogar schon mehr, haben wir in den letzten 100 Jahren bereits verfeuert. Dabei waren wir doch nur zwischen zwei und vier Milliarden Menschen, und lediglich ein kleiner Bruchteil von uns hatte größere Ansprüche an diese Energiequellen. Der Rest dieser Naturschätze muß uns doch recht bald in den Händen zerrinnen, wenn zur Jahrtausendwende über sieben Milliarden Menschen ihren Anteil an diesen unersetzlichen Energiequellen fordern werden. Aber auch die seltenen Rohstoffe der Natur, vor allem die edleren Metalle wie Kupfer, Zink, Quecksilber, Titan, Vanadium, Germanium und viele andere, werden heute schon knapp. Dem Zwang zum Fortschritt, erzeugt durch den unaufhaltsamen Zuwachs der Menschen auf der Erde, können wir nicht schon entgehen; es fragt sich nur, ob wir nicht bald der Energien und Materialien, die dazu erforderlich sind, entraten müssen.

Wenn es immer mehr Menschen auf unserem Planeten geben wird, dann müssen wir auch bei aller Begeisterung für die demokratischen Ideale unsere persönlichen Freiheiten immer mehr einschränken. Solange die notwendige Anpassung an diese steigende Angina unseres blauen Planeten mit der ganzen Kunst unserer Staatsmänner und der ganzen Disziplin einer demokratischen Weltbevölkerung erfolgen könnte, bräuchte man sich nicht so viel Sorgen zu machen. Wiederum war es Aldous Huxley, der als erster jedoch in der Einengung unseres Lebensraumes durch die Überzahl von uns allen die größte Gefahr für die Freiheit des Menschen erkannte. Wenn eine immer größere Zahl von Menschen in der Zukunft sich um die dann immer knapper werdenden Naturschätze raufen, blüht der Weizen der Diktatoren. Sie werfen sich dann als Heilsbringer auf, wenn der Ruf nach einer immer dringender werdenden Lösung und damit auch nach dem starken Mann immer lauter wird. Eine Menschheit in Not wird eine leichte Beute rücksichtsloser Gewaltherrscher.

Die Geschichte der Menschheit als biologische Gattung ist eine glänzende Erfolgsstory. Mit der Erfindung der Intelligenz ist der Natur ein ganz großer Wurf gelungen. Die einzige intelligente Gattung auf der Erde ist auch die erfolgreichste. Der göttliche Funke des Verstandes hat es den Menschen ermöglicht, zu überleben und sich heute beliebig zu vermehren. Der letzte Intelligenztest allerdings steht noch aus. Jeder einzelne von uns vermag heute durchaus einzusehen, daß es schon viel zu viele von uns auf der Erde gibt. Sind wir aber als Gattung, das heißt als Masse Mensch, intelligent genug, uns baldigst in unserer ungehemmten Vermehrung zu beschränken? Die Führungsgremien der Nationen, die Regierungen aller Schattierungen bis zu den Vereinten Nationen, kennen zwar alle das Problem. Alle aber auch kehren es unter den Teppich. Wenn es sich um Maßnahmen handelt, unseren Enkeln und Urenkeln einen lebensfähigen Planeten zu hinterlassen, so huldigen sie alle ohne Ausnahme dem Spruch: »Morgen, morgen, nur nicht heute«.

Dabei ist es doch leicht einzusehen, daß es

so wie in den letzten Jahren nicht weitergehen kann. Man hat öfters die Erde mit einem Raumschiff verglichen, das mit seiner Besatzung von knapp vier Milliarden Menschen durch das Weltall kreuzt. Wie bei jedem Raumschiff mit beschränkten Vorräten muß man haushalten. Ein etwas mehr altmodisches Verkehrsmittel ist vielleicht ein besseres Beispiel. Die Menschheit mit ihrem Planeten gleicht einem Luxusdampfer. Die Industrienationen mit ihren gewaltigen Ansprüchen an die Natur- und Energieschätze unserer Erde gleichen den Passagieren der 1. Klasse, die von den armen Nationen der Entwicklungsländer bedient werden. Bald aber wird aus diesem Luxusdampfer ein Rettungsboot, das mit Menschen so überfüllt ist, daß es jederzeit zu sinken droht. Gleichzeitig werden Verpflegung und Trinkwasser knapp. Heute schon beginnen sich die Unterschiede zwischen Passagieren der 1. Klasse und der Besatzung zu verwischen.

All diese Überlegungen leiten sich ohne weiteres von jener Feststellung von Aldous Huxley ab, die ich eingangs zitiert habe. Wenn man sich die Konsequenzen dieser biologischen Explosion der Gattung *homo sapiens* überlegt, so kann man sich kaum vorstellen, wie wir an einer Katastrophe schon in den nächsten 50 Jahren vorbeikommen können. Ich bin freilich nicht der einzige, den dieses Thema so sehr beunruhigt. In den folgenden Kapiteln möchte ich den Gedanken, die ich nur stichwortartig anklingen ließ, im einzelnen nachgehen. Der Druck solcher Überlegungen hat mich dazu gezwungen, dieses Buch zu schreiben.

Allerdings wird keiner erwarten, daß ich eine Patentformel für die Lösung dieses größten Problems unserer Zeit anbieten kann; mein Beitrag kann eben nur darin bestehen, die Naturgesetze aufzuzählen, welche in meiner Sicht die heutige Situation kennzeichnen.

2 Das goldene Gleichgewicht

»Sie haben mir doch gesagt, ich soll keinen Globus malen. Wenn ich also die Erde, so wie sie vom Weltall aus erscheint, zeichnen soll, welche Farben, welche Tönungen und welche Abschattierungen soll ich denn wohl wählen?«

Diese Fragen, die mir der junge Grafiker William Palmstrom Ende 1954 in seinem Atelier in Washington stellte, waren gar nicht so leicht zu beantworten. Der Herausgeber der renommierten amerikanischen Zeitschrift *National Geographic Magazine* hatte mir den Auftrag erteilt, einen Artikel über Weltraumfahrt zu schreiben. Es war der erste Artikel über dieses Thema in diesem Magazin, dem im Laufe der nächsten Jahrzehnte noch viele folgen sollten – alle mit den hinreißenden Illustrationen, wie sie für das *National Geographic* schon seit langem Tradition sind. Aus diesem Grunde mußte auch die Grafik von Will Palmstrom über den Anblick der Erde vom Weltraum aus nicht nur künstlerisch erstklassig sein, sondern auch wissenschaftlich Hand und Fuß haben. Die Grafiker dort waren es schon seit langem gewohnt, eng mit Wissenschaftlern zusammenzuarbeiten.

Zu jener Zeit jedoch war der erste Sputnik noch fast drei Jahre in der Zukunft. Der Höhenweltrekord mit unbemannten Raketen lag bei etwa 400 Kilometer über der Erdoberfläche, und das Beste, was an Bildern der Erde von oben her gesehen verfügbar war, bestand aus verwackelten Schwarzweißfilmen, die mit erbeuteten V-2-Raketen von dem Raketenschießplatz »White Sands« in dem amerikanischen Staat New Mexico aus aufgenommen worden waren. Einige Ideen, wie unser Heimatplanet vom Weltall aus betrachtet erscheinen würde, hatte ich freilich schon. Bestimmt – und das hatte ich Will Palmstrom auch gesagt – würde die Erde nicht wie ein Globus aussehen. Die Erde als Ganze ist fast immer zu einem erheblichen Teil von Wolken bedeckt. Schon damals wußten wir, daß es über 40 Prozent sein müßten, so daß die Umrisse eines ganzen Kontinents, so wie wir ihn vom Globus her kennen, nur sehr selten zu sehen sein würden. Über die Farbe allerdings hatten sich die Astrophysiker merkwürdigerweise noch keine weiteren Gedanken gemacht. Die anderen hellen Planeten, wie Jupiter, Venus, Saturn und Merkur, sind weißlich mit einem kleinen Stich ins Gelb; Mars ist deutlich rot, und die äußersten Planeten Uranus und Neptun sind etwas grünlich. Der Anblick unserer eigenen Erde jedoch, von anderen Planeten aus gesehen, war damals kein besonders interessantes Problem.

Wir sind darauf gekommen, als wir uns kurz nach dem Krieg mit den medizinischen Problemen der Weltraumfahrt zu beschäftigen begannen. Wir wußten, daß der Mensch im Weltall bald der intensiven Sonnenstrahlung in ihrem rohen Urzustand ausgesetzt sein würde. Solange der Mensch in einem bemannten Satelliten fliegend die Erde noch in geringer Entfernung umkreisen würde, müßte sein Auge auch vor dem Glanz seines Heimatplaneten geschützt werden. Die mit Gold bestäubten Fenster der Raumhelme unserer Astronauten heute sind die Folge jener Überlegungen, die wir damals schon angestellt hatten.

So ist es oft in der Wissenschaft: Ein Problem führt zum anderen, und aus der Notwendigkeit, die Augen der zukünftigen Astronauten zu schützen, entstand die Frage nach der Strahlung der Erde im Weltraum. Die Erde ist ja kein selbstleuchtender Körper, sondern alles Licht und alle Strahlung, die sie in den Weltenraum abgibt, bestehen aus reflektiertem Sonnenlicht und reflektierter Sonnenwärme. Drei Medien nun sind es, die Sonnenlicht in das Weltall zurückwerfen und die Erde in einem recht hellen Glanz leuchten lassen: der feste Erdboden, das Meer und die Atmosphäre mit ihren Wolken. Von jedem dieser Medien stammt ein bestimmter Farbanteil. Der feste Erdboden reflektiert rötliche, bräunliche, grünliche und sogar graue Töne. Das Meer, das mehr als 70 Prozent der Oberfläche der Erde überdeckt, reflektiert ein tiefdunkles Blau. Die Wolken strahlen in reinem Weiß, und die freie, klare Atmosphäre strahlt wiederum in einem blauen Licht, wenn auch in einem helleren, leuchtenderen Blau als das Meer. Den Ursprung dieser Bläue können wir gut verstehen. Es ist das Blau des klaren Himmels, das wir auch auf der Oberfläche der Erde sehen, wenn wir nach oben blicken. Wenn wir in den Himmel schauen, dann wird unser Auge von blauen Lichtstrahlen getroffen, welche von den Luftteilchen aus den sieben Regenbogenfarben des Sonnenlichtes herausgesiebt und nach allen Seiten weggestreut werden und damit auch unser Auge treffen. Wenn man die Erde daher vom Weltraum aus betrachtet, so erkennen wir auch von dort aus das blaue Himmelslicht, in das die gesamte Erdkugel eingehüllt erscheint. Mit ihren großen Ozeanen kann man die Erde fast als einen Planeten bezeichnen, der eine flüssige Oberfläche hat. Auch ist die ganze Kugel von einer blau streuenden Atmosphäre eingehüllt. Das ist der Grund, weshalb unsere Erde als einziger unter allen anderen Planeten im Sonnensystem eine blaue Farbe hat. Die Farbe unserer Erde konnte man also berechnen, wenn man die Gesetze der atmosphärischen Optik kennt. Das habe ich jenem jungen Grafiker in Washington damals auch auseinandergesetzt, und er hat dann bereits Mitte der fünfziger Jahre ein Bild der Erde im Weltall gezeichnet, dessen Charakter dann später durch die schönen Farbfotografien aus dem Weltall bestätigt worden ist. Diese Bilder zeigen unseren blauen Planeten.

Mit einem gewissen engstirnigen Lokalpatriotismus hat der Mensch seine Erde immer für etwas Besonderes gehalten. Lange Zeit glaubte er, daß sie mit Abstand der größte Himmelskörper sei und selbstverständlich im Mittelpunkt des Universums stünde. Dieser Traum mußte aufgegeben werden, als Kopernikus der Sonne den zentralen Platz in unserem Planetensystem anwies, der ihr ja schon wegen ihres überwältigenden Strahlenglanzes gebührt. Nun war die Erde nur ein Planet unter anderen und dabei bei weitem noch nicht einmal der größte. Auch der Traum, daß unsere Sonne der Mittelpunkt des Universums sei, zerrann bald. Als die Natur der Fixsterne als fremde Sonnen enthüllt wurde, zeigte sich, daß unsere Sonne an Größe und Leuchtkraft recht bescheiden ist. So tröstete man sich damit, daß die Sonne wenigstens im Mittelpunkt der Milchstraße stünde; aber auch darin wurden wir enttäuscht, als sich herausstellte, daß unsere Sonne ziemlich am Rande der Milchstraße steht. In den zwanziger Jahren unseres Jahrhunderts schließlich wurde der Beweis erbracht, daß es Milliarden von Milch-

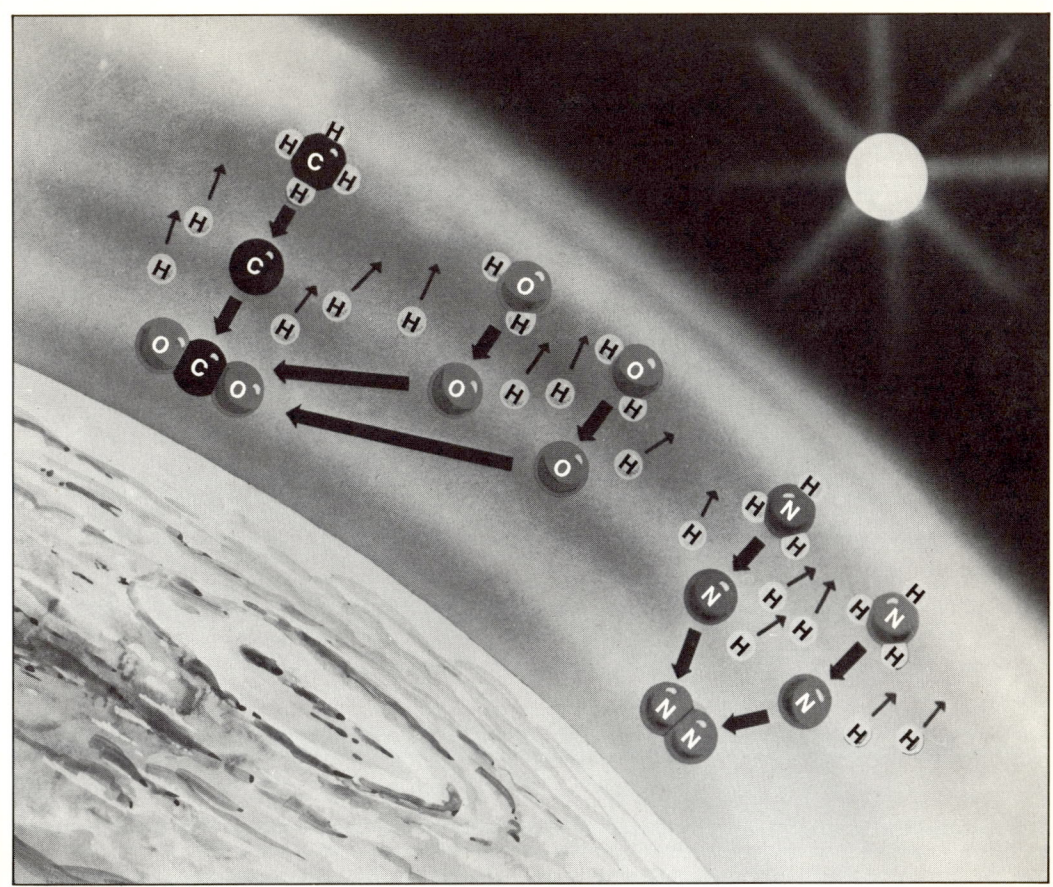

Die Hydride der häufigeren Elemente – CH_4 (Methan), NH_3 (Ammoniak) und vor allem H_2O (Wasser) – werden in der oberen Atmosphäre durch ultraviolette Sonnenstrahlung in ihre Bestandteile zerlegt. Aus den Restteilchen bilden sich bevorzugt CO_2 (Kohlendioxid) und N_2 (Stickstoff). Der leichte Wasserstoff entweicht ins All, und so verliert die Erde dauernd Wasser.

straßen gibt, so daß jeder lokalpatriotische Anspruch der irdischen Menschheit im Universum zur Lächerlichkeit verdammt wurde. Diese klassische Passage, die so sehr geeignet ist, dem aufgeblasenen Ego der Menschheit die Luft abzulassen, findet sich in jedem Astronomiebuch der letzten 100 Jahre. Als ich damals als junger Wissenschafter die

Besonderheit in der Farbe unseres Planeten erkannte, erschien mir das nicht weiter bedeutsam, da ich ja auch in der Bescheidung der modernen Astronomie aufgewachsen war. Mit den Anfängen der Weltraumfahrt jedoch wurde es damals wichtig, uns über die Natur der anderen Planeten ernsthaft Gedanken zu machem. Vor allem wollten wir – so gut es ging – abschätzen, ob sich die Schwesterwelten der Erde als Wohnstätten für uns Menschen eignen. Dabei ging uns auf, daß die Besonderheit der Farbe unseres Planeten auch auf seine außergewöhnliche Kostbarkeit hinwies. Die Erde ist der einzige Himmelskörper in unserem Planetensystem, der ein Weltmeer und eine blaustreuende Atmosphäre aus Stickstoff und freiem Sauerstoff besitzt. Diese Eigenschaften machen unsere Erde zu einem wahren Juwel unter den Himmelskörpern unseres Sonnensystems. Wenn wir die Fotografien der Apollo-Astronauten betrachten, dann sehen wir unseren Planeten wie einen leuchtenden Aquamarin, der vor dem schwarzen Samt des Himmels dahinter schwebt. Nachdem uns die Astronomen unter unseren Großvätern die rechte Bescheidenheit gelehrt hatten, sehen wir heute wieder echte Gründe für einen gesunden Lokalpatriotismus.

Dieser neu erwachte Stolz auf unseren blauen Planeten hat sich mit den Ergebnissen der modernen Weltraumwissenschaft noch verstärkt. Mehr als 500 Millionen Fernsehzuschauer haben gesehen, was das für eine trostlose Wüste ist, in der die Astronauten auf dem Mond ihre ersten Spuren hinterlassen haben. Nach den ersten Mondlandungen noch hat man die zurückkehrenden Astronauten in Quarantäne gesteckt, um eine mögliche Verseuchung durch lunare Lebensformen zu verhindern. Nachdem man sich von der völligen Leblosigkeit des Mondgesteins überzeugt hatte, verzichtete man auf diese Maßnahmen. Forschungssonden, welche von den Amerikanern und den Russen zur Venus hinübergeschickt worden sind, haben die überhohen Temperaturen auf der Oberfläche dieses Planeten immer wieder bestätigt: Bei Temperaturen von 400–500 Grad Celsius ist kein Leben möglich. Auch der Planet Mars ist, vor allem durch die überaus erfolgreichen Mariner-Instrumententräger der NASA, heute schon von Pol zu Pol näher erforscht. Gewiß, ein endgültiges Urteil darüber, ob nicht dennoch niedere Lebensformen auf dem Mars existieren können, ist noch nicht möglich. Indessen sind unsere Kenntnisse über die kalte Staubwüste unseres Nachbarplaneten schon so weit gediehen, daß wir die Existenz

des Lebens dort heute schon mit großer Wahrscheinlichkeit verneinen können.

Diese Ergebnisse der modernen Planetenforschung stehen so ganz im Gegensatz zu der Erwartung der Menschen früherer Zeiten. Ein toter Himmelskörper, wie der Mond oder die Venus und wie vermutlich auch Mars, erschien den Denkern von früher als eine unheilige Verschwendung. Als moderne Wissenschaftler müssen wir diese Fakten akzeptieren und uns freilich die große Frage stellen: Woher kommen diese gewaltigen Unterschiede in der Struktur der Planeten in unserem Sonnensystem? Gerade zuvor haben wir darauf hingewiesen, daß die Erde der einzige uns bekannte Planet ist, der ein Weltmeer besitzt. Wir glauben heute zu wissen, daß ohne die Existenz eines Weltmeeres auf einem Planeten auch kein Leben entstehen und gedeihen kann. Wie kommt es also zu dieser ausgefallenen Sonderstellung unseres Planeten unter allen seinen Geschwistern?

Himmelskörper bestehen aus Ansammlungen von Materie, deren Zusammensetzungen, Wandlungen und Bewegungen von Naturkräften gesteuert werden. Das Ziel, das die Naturkräfte schließlich mit der Materie erreichen, ist ein Gleichgewicht. Ein solches Gleichgewicht stellt sich immer dann ein, wenn Massen, Kräfte und Vorgänge sich die Waage halten. Wenn das der Fall ist, ergibt sich eine Stabilität, die viele Milliarden von Jahren anhalten kann. Die Existenz des Weltmeeres auf unserem Planeten ist dafür ein klassisches Beispiel, da unser blauer Planet seine Ozeane einem solchen Gleichgewicht verdankt.

Zunächst einmal: Die Sonnenstrahlung, welche unser Weltmeer trifft, verdunstet täglich fast 1000 Kubikkilometer Meereswasser. Ein großer Teil dieses verdunsteten Wassers fällt durch Regengüsse wieder in das Meer zurück. Ein kleinerer Teil trifft das

Festland, füllt Seen und Teiche, beschneit Berge und läßt Gletscher wachsen. Irgendwann einmal jedoch tragen die Flüsse und Ströme diese Wassermenge wieder in das Meer zurück. Es besteht also ein Gleichgewicht zwischen den Verlusten und den Gewinnen des Weltmeeres. Aus diesem Grunde ändert sich sein Niveau nicht. Das ist freilich eine Milchmädchenrechnung, die nur für ein paar Jahrhunderte oder ein paar Jahrtausende gilt. So wissen wir, daß die Höhe des Meeresspiegels in der geologischen Geschichte der Erde verschiedentlich starke Schwankungen gezeigt hat. Während der Eiszeiten waren große Wassermassen in den riesigen Polarkappen der Erde festgefroren, so daß der Meeresspiegel wesentlich tiefer lag. Zu anderen Zeiten waren die Pole fast völlig eisfrei, so daß die Meere überliefen. Im Schnitt jedoch ist der Meeresspiegel über die Hunderte von Millionen von Jahren hinweg dennoch recht gleichförmig geblieben. Diese für das Leben unseres Planeten so wichtige Tatsache verdanken wir dem Gleichgewicht zwischen Verdunstung und Rücklauf des Wassers unserer Erde.

Diese Überlegungen allein jedoch erläutern noch nicht den Ursprung des Weltmeeres, das ja im Lauf der Geschichte unseres Planeten irgendwann einmal entstanden sein muß. Auch hier wieder ist ein Gleichgewicht am Werk, bei dem die Waage allerdings nicht genau in der Mitte steht. Unser Erdkörper erzeugt nämlich laufend neues Wasser. Die Quelle dieses jungfräulichen Wassers ist der Vulkanismus unseres Planeten. Wenn man die Gase und Dämpfe, die von den Vulkanen auf der ganzen Erde laufend ausgestoßen werden, untersucht, so stellt man fest, daß 90 Prozent von ihnen aus Wasserdampf bestehen. Gewiß befindet sich darunter eine ganze Menge verdampften Grundwassers, also nicht jungfräulichen Wassers. Ein Teil jedoch ist Kristallwasser

aus Lavamassen, die aus größerer Tiefe stammen. Dieses Wasser schlägt sich nieder und füllt das Meer immer weiter auf. Diese urtümlichen Wassergewinne des Weltmeeres jedoch werden fast wettgemacht durch kosmische Wasserverluste der Erde.

In großen Höhen der Atmosphäre wird der Wasserdampf durch kurzwellige Strahlung der Sonne in seine chemischen Bestandteile, das heißt Wasserstoff und Sauerstoff, zerlegt. Der leichte Wasserstoff entweicht in das Weltall, während der Sauerstoff sich der Erdatmosphäre zugesellt. Bei diesen kosmischen Prozessen halten sich Gewinne und Verluste, wie gesagt, nicht ganz die Waage. Die Vulkane erzeugen im Schnitt etwas mehr Wasser, als die Sonne wegbrennen kann. Aus diesem Überschuß sind im Laufe der Jahrmilliarden die Ozeane entstanden, und auch heute noch wachsen sie wohl jedes Jahr noch um einen winzigen Betrag. Dieser Überschuß im Zuwachs des Meereswassers ist vermutlich nur für unsere geologische Epoche typisch, da wir in einer der seltenen Äonen leben, in denen Hochgebirge existieren und der Vulkanismus besonders groß ist. Während vieler anderen Epochen in der Vergangenheit war die Erde flach, und dann gab es auch vermutlich wenig Vulkane. In solchen Epochen hat die Erde vielleicht mehr Wasser verloren, als sie gewann. Im Schnitt jedoch ist es ein geradezu goldenes Gleichgewicht, dem wir die Existenz unseres Weltmeeres verdanken.

Wenn ein Weltmeer demnach auf einem so delikaten Gleichgewicht beruht, dürfen wir uns nicht darüber wundern, daß die Nachbarwelten der Erde, die ihr an Größe in etwa vergleichbar sind, staubtrocken sind. Bei ihnen hängt diese Waage völlig schief. Der Mond und der Mars sind kleiner als die Erde und haben daher auch einen wesentlich geringeren Vulkanismus. Die Erzeugung jungfräulichen Wassers auf ihnen ist so sehr viel kleiner. Hinzu kommt, daß sie eine sehr dünne oder sogar keine merkliche Atmosphäre besitzen, so daß das wenige einmal entstandene Wasser entweder unmittelbar in das Weltall entweicht oder in kurzer Zeit von der Sonnenstrahlung zerfetzt wird. Ein solcher Himmelskörper hat überhaupt keine Chance, jemals ein Weltmeer anzusammeln, und weder der Mond noch der Mars haben wohl jemals eines besessen.

Bei der Venus, die der Erde an Größe fast gleich kommt, liegen die Dinge etwas anders. Ihr Vulkanismus und damit ihre kosmische Wassererzeugung muß ähnlich groß sein wie bei der Erde. Allerdings steht sie der Sonne um so viel näher, daß ihre Oberfläche etwa viermal so stark aufgeheizt wird wie bei der Erde. Bei Oberflächentemperaturen von über 400 Grad Celsius kann Wasser nur verdampfen, und es ist ja schon seit langem bekannt, daß die Venusatmosphäre von dichten Wolken erfüllt ist. Erst die modernen Instrumententräger der Weltraumfahrt haben uns enthüllt, daß die Atmosphäre der Venus etwa hundertmal dichter ist als die Erdatmosphäre. Noch sind die Messungen über die Mengen von Wasserdampf in der niederen Venusatmosphäre unsicher. Bei den gewaltigen Gasmassen in der Venusatmosphäre jedoch ist es durchaus möglich, daß der potentielle Ozean der Venus schon seit Jahrmilliarden in Form von Dampf in ihrer Atmosphäre hängt.

Von den äußeren Planeten brauchen wir nichts weiter zu sagen, wenn wir über planetare Weltmeere sprechen. Die Temperaturen dort sind so niedrig, daß jedes Wasser nur dazu dient, einen globalen Gletscherpanzer zu bilden. Auf diesen sonnenfernen Himmelskörpern ist das Gleichgewicht so verschoben, daß flüssiges Wasser nicht existiert. Außer unserem Weltmeer hat auch die Atmosphäre, wie wir gesehen haben, einen Anteil an der blauen Farbe unseres Plane-

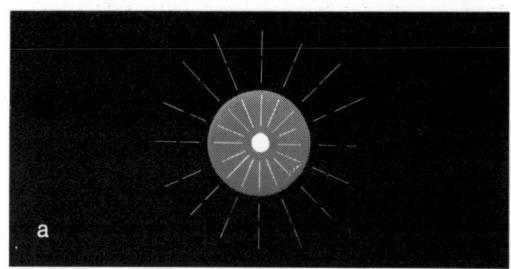

Der Atomofen im Innern der Sonne, wo die Strahlungsenergie durch Kernprozesse erzeugt wird, befindet sich zusammen mit den Gasmassen des Sonnenleibes darüber in einem fein ausgewogenen Gleichgewicht. Der im Kern erzeugte Strahlungsstrom bewirkt einen Druck, der die Gasschalen darüber trägt (a). Bei Verminderung der Energieproduktion sinkt die Temperatur im Son-

ten. Auch die Luft ist für unsere Erde eine Besonderheit, und für einen Chemiker ist es eigentlich ein Wunder, daß die irdische Atmosphäre etwa ein Fünftel gasförmigen Sauerstoffs enthält. Dieses chemische Element ist nämlich so sehr aktiv, daß es sich mit allen anderen Elementen (außer Fluor) bereitwilligst verbindet und daher in kürzester Zeit verschwindet. Den Vorgang, in dem Sauerstoff sich mit anderen Elementen verbindet, nennt man »Brennen«, und jeder weiß, daß ein Brand ein heftiger und nur sehr schwer zu bremsender Vorgang ist. Es muß also ein Gleichgewicht von ganz besonderer Art sein, welches den Sauerstoffgehalt unserer Atmosphäre offenbar über Jahrmilliarden hinweg immer auf der gleichen Höhe

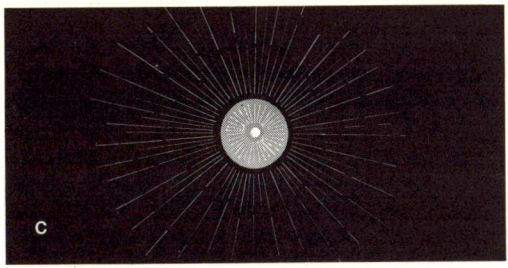

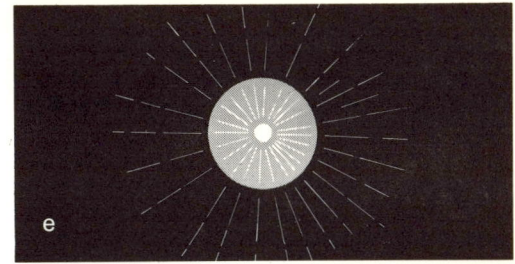

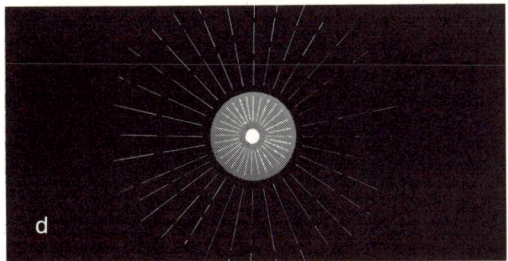

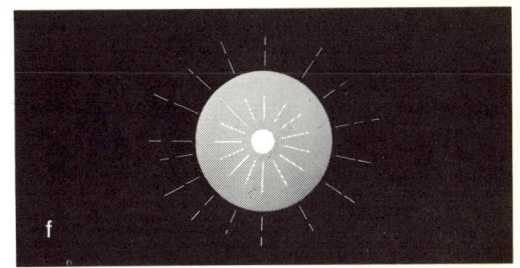

nenkern, die Sonne sackt langsam zusammen (b und c). Die Kontraktion der Sonnengase steigert jedoch die Temperatur im Kern, welche auch die Energieproduktion anheizt. Der vermehrte Strahlungsdruck bläst die Sonne auf (d über e und f), wobei nach den Gasgesetzen die Kerntemperatur wieder absinkt. Der Strahlungsdruck aus dem Kern läßt nach, die Sonne sinkt wieder

zusammen, und der Anfangszustand (a) wird wieder erreicht. Die hier gezeichneten Schwankungen sind der Deutlichkeit halber weit übertrieben; in Wirklichkeit lassen sich an der Größe der Sonne und an ihrem Strahlungsstrom keine Schwankungen nachweisen.

hält. Man kann nämlich leicht berechnen, daß durch Oxidation der Erdkruste, durch Wald- und Steppenbrände, durch Fäulnisprozesse und durch die Atmung der Menschen und Tiere der gesamte Sauerstoffvorrat der Atmosphäre innerhalb der geologisch kurzen Zeit von 3000 Jahren verschwinden würde. Er wird aber laufend ersetzt durch den biologischen Prozeß der Photosynthese. Die grünen Pflanzen im Meer und auf dem Lande zerlegen mit Hilfe von Sonnenlicht Wasser und Kohlendioxid in ihre Bestandteile, vereinigen diese zu Kohlenhydraten und entlassen den dabei abfallenden Sauerstoff in die Atmosphäre. Das Gleichgewicht zwischen Sauerstoffverbrauch und Sauerstofferzeugung auf unserer

Erde hat sich schon seit Urzeiten gut eingependelt, daß uns ein Sauerstoffgehalt der Atmosphäre von etwa 20 Prozent garantiert ist. Dieses Gleichgewicht zwischen den physikalischen, chemischen und biologischen Kräften auf unserer Erde kann man mit Recht als golden bezeichnen.

Allein die Tatsache, daß kein anderer Planet in unserem Sonnensystem freien Sauerstoff in seiner Atmosphäre aufweist, zeigt uns schon, daß der biologische Faktor in diesem Gleichgewicht fehlen muß; die anderen Planeten sind wohl tot. Wenn heute, zehn Jahre nach Beginn der Weltraumtechnik, von dem Klima anderer Himmelskörper gesprochen wird, so hört man immer von Extremen. Auf dem Mond ist es am Tag überheiß und in der Nacht sehr kalt. Der Mars hat ein sehr arktisches, die Venus ein sehr tropisches Klima. Selten macht man sich klar, daß auch die mittlere Temperatur eines Planeten mit einer Waage ausgewogen wird.

Wir alle wissen, daß in der prallen Sonnenhitze ein Stück Blech so heiß werden kann, daß man ein Spiegelei darauf braten kann. Umgekehrt bleiben in der gleichen Sonnenstrahlung die weißen Keramikkacheln am Rande eines Schwimmbeckens angenehm kühl. Woher kommt das? Der Grund ist darin zu finden, daß jeder Körper unter Sonnenbestrahlung eine bestimmte Temperatur annimmt, die man aus einem guten Grund »Gleichgewichtstemperatur« nennt. Jeder Körper ist wegen seiner Oberflächeneigenschaften imstande, einen gewissen Betrag auffallender Sonnenenergie zu absorbieren und in Wärme zu verwandeln. Diese Wärme strahlt er dann auch wieder ab. Nach den Strahlungsgesetzen nimmt der Betrag an Wärmestrahlung, den ein Körper abstrahlen kann, mit der Temperatur steil zu. Wenn ein Körper demnach von der Sonne bestrahlt wird, dann wird er langsam wärmer und strahlt immer mehr Wärme ab. Schließlich wird eine kritische Grenze erreicht. Bei einer bestimmten Temperatur strahlt der Körper in jeder Minute genau so viel Energie aus, wie er von der Sonne empfängt. Deswegen spricht man von der »Gleichgewichtstemperatur«. Metalle, wie ein Stück Blech, nehmen viel Sonnenenergie auf und können erst bei relativ hoher Temperatur genügend Wärme wieder abstrahlen. Deswegen liegt ihre Gleichgewichtstemperatur sehr hoch. Eine glasierte Keramikkachel nimmt weniger Sonnenenergie auf und kann schon bei relativ niedriger Temperatur wieder viel Wärme abstrahlen. Sie bleibt deswegen kühl, weil ihre Gleichgewichtstemperatur niedrig ist.

Auch Planeten haben ihre Gleichgewichts-temperatur. Dafür sind die Strahlungseigenschaften ihrer Atmosphäre und ihrer Oberfläche verantwortlich. Wiederum beobachten wir bei unserer Erde ein goldenes Gleichgewicht. Seit Jahrmilliarden hat sie sich unter dem Einfluß der Sonnenstrahlung im Schnitt auf 15 Grad Celsius über Null eingependelt. Bei der Venus sind es über 400 Grad, beim Mars minus 50 Grad, bei den äußeren Planeten noch weniger als 150 Grad unter Null. Beim Mond schwankt die Gleichgewichtstemperatur zwischen 110 Grad über Null am Tag und 120 Grad unter Null in der Nacht.

Schon öfters haben wir von der Sonnenstrahlung sprechen müssen, und so dürfen wir erwarten, daß denn auch der Strahlungsstrom der Sonne von einem fein ausgewogenen Gleichgewicht gesteuert wird. Das ist auch der Fall; denn die Sonne hat in Milliarden von Jahren ihren Energiestrom, wenn überhaupt, nur um Bruchteile eines Prozents geändert. Den Mechanismus, der solches bewerkstelligt, kann man eigentlich nur als zauberhaft bezeichnen.

Die Sonnenenergie entsteht durch Verschmelzungsprozesse von Atomkernen in ihrem Innern. Die Ergiebigkeit dieser Prozesse ist in hohem Maße von der Temperatur abhängig. Sowie die Temperatur nur um ein weniges steigt, schießt die Energieproduktion steil nach oben. Dadurch wird der Gasball der Sonne aufgebläht. Jede Ausdehnung von Gasen wird sofort von einem Temperatursturz begleitet. Als Folge dieser Temperaturabnahme geht die Energieproduktion der atomaren Kernprozesse sofort stark zurück. Die sinkende Temperatur erlaubt dem Gas, sich wieder zusammenzuziehen, wodurch die Temperatur und damit die Energieerzeugung wieder ansteigen. Dieser raffiniert ausgewogene Regelprozeß hat sich im Kern der Sonne so ausgependelt, daß eben diese erstaunliche Konstanz der Sonnenstrahlung gewährleistet wird.

Bisher haben wir nur von physikalischen und chemischen Kräften des Kosmos gesprochen, als wir unsere grundlegenden Gleichgewichtsbetrachtungen angestellt haben. Nur eine Ausnahme haben wir gemacht: Wir sprachen von der Photosynthese, die ja ein biologischer Vorgang ist und der wir die Existenz des Sauerstoffs in der Erdatmosphäre verdanken. Dieselben fundamentalen Gesetze des Gleichgewichts gibt es jedoch auch in der Biologie. Ja, die biologische Entwicklung überhaupt – nach der Evolutionstheorie des großen Engländers Charles Darwin – fußt letzten Endes auch auf dem Begriff des Gleichgewichts. Darwin hat ja gelehrt, daß sich die Arten der Pflanzen und Tiere im Laufe der Erdgeschichte immerzu spontan und sprunghaft geändert haben. Dadurch sind neuartige Lebewesen entstanden, die sich dann in ihrer Umwelt behaupten mußten. Im Spiel der biologischen Kräfte schufen sie dann ein neues Gleichgewicht, in dem sie gedeihen konnten. Obwohl die Theorie von Darwin eine Entwicklung beschreibt, so ist sie dennoch nichts anderes als eine Folge von Gleichgewichtszuständen, die in ihrer Periode jeweils stabil waren.

Es sind also eine ganze Reihe von biologischen, globalen und kosmischen Gleichgewichten, welche unseren blauen Planeten in der Waage halten. Erst heute haben wir erkannt, wie delikat diese Gleichgewichte sind.

Man könnte glauben, daß diese globalen und kosmischen Kräfte so gewaltig sind, daß es unvorstellbar großer Energien bedürfe, um diese Gleichgewichte ins Schwanken zu bringen oder sie sogar umzustürzen. Gewiß, das Wesen unseres blauen Planeten und das Gleichgewicht der Naturkräfte, in die er eingebettet ist, sind recht stabil. Wenn das nicht der Fall wäre, so hätten sie sich durch die Jahrmilliarden der Erdgeschichte hindurch nicht erhalten. Schwankungen in diesen Gleichgewichten jedoch hat es immer schon gegeben, und eine völlig neuartige Schwankung dieser Art zeichnet sich durch die Existenz des Menschen auf der Erde heute ab.

Es kann kein Zweifel bestehen, daß der Mensch mit der Überfülle seiner Population und mit den Kräften seiner Technik das goldene Gleichgewicht unseres Planeten schon etwas angestoßen hat. In dieser Hinsicht ist Alarm, ja sogar höchster Alarm, geboten. Die Frage »Stirbt unser blauer Planet?« ist wirklich berechtigt.

3 Die menschliche Zeitbombe

Als Teenager schon habe ich gern in den Lehrbüchern der theoretischen Physik geschmökert. Ich kam mir sehr bedeutend vor, vielleicht deshalb, weil ich den Inhalt nicht verstand. So habe ich mich vor allem immer wieder darüber gewundert, wieso bei so vielen Gleichungen, welche die Naturgesetze beschrieben, mit dem lapidaren »ist gleich Null« endeten. Die Gleichungen, die ich damals kannte und in der Sekunda gelernt hatte, endeten immer mit »ist gleich etwas«. Wenn Null, das heißt wenn gar nichts, herauskam, so hatte das Resultat für mich damals wenig Sinn. Erst einige Jahre später, als ich meine Physik lernte, ging mir auf, daß man mit Gleichungen dieser Art die wichtigsten, eindringlichsten und auch schönsten Naturgesetze beschreibt. Immer dann nämlich, wenn eine Summe von Größen zu nichts aufgeht, handelt es sich um ein Gleichgewicht in der Natur.

Ein schönes Beispiel dafür ist das berühmte Prinzip, das von dem französischen Mathematiker Jean-Baptiste Le Rond d'Alembert im Jahr 1743 veröffentlicht worden ist. Es ist eines der berühmten Prinzipien der theoretischen, das heißt der idealen Mechanik, und in mathematischer Form lautet es einfach $\Sigma_{K^i} = O$. Dem Sinne nach sagt das d'Alembertsche Prinzip aus, daß alle mechanischen Kräfte, die auf einen Körper wirken, sich gegenseitig aufheben, das heißt im Gleichgewicht sind.

Wollen wir das d'Alembertsche Prinzip einmal auf unsere Erde anwenden, über die wir ja zuvor schon Gleichgewichtsbetrachtungen angestellt hatten: Unser Planet schwebt im Weltraum und wird dabei von der sehr viel massenreicheren Sonne angezogen. Da unser Planet jedoch die Sonne in einer nahezu kreisförmigen Bahn umläuft, beobachten wir eine Zentrifugalkraft, die nach außen zieht. Es läßt sich nun zeigen, daß diese beiden Kräfte, die dauernd an der Erde zerren – nämlich die Anziehungskraft der Sonne und die Zentrifugalkraft ihrer Kreisbewegung – einander genau die Waage halten. Wenn wir die Anziehungskraft der Sonne mit einem positiven Vorzeichen versehen, dann wird die Zentrifugalkraft, da sie nach außen zieht, negativ. Addiert man diese beiden Kräfte nach d'Alembert, so hat man das Resultat Null. Diesem Gleichgewicht der Kräfte übrigens verdanken wir die Permanenz der Erdbahn, und auch die Bahnen aller anderen Planeten und ihrer Monde unterliegen demselben Gesetz. Genauso wie zuvor ist es wieder ein Gleichgewicht, das für die Stabilität eines für uns sehr wichtigen Zustandes verantwortlich ist. Als ich als junger Student zum ersten Mal das Wesen des Gleichgewichts begriff, gelang mir ein entscheidender Schritt zum Verständnis der Natur.

Im vorangegangenen Kapitel haben wir nachgewiesen, daß alle jene wesentlichen Elemente, welche das Leben auf unserer Erde ermöglichen, ihr Entstehen und ihre Permanenz delikaten Gleichgewichten verdanken. Wenn alle die Naturkräfte, die ihre

Der französische Physiker Jean-Baptiste le Rond d'Alembert (1717–1783), der das nach ihm benannte Prinzip der Mechanik formuliert hat: Bei jedem statischen oder dynamischen Zustand eines Körpers befinden sich alle Kräfte, die auf ihn wirken, im Gleichgewicht.

Wirkung entfalten, nicht so schön ausgewogen wären, so hätten wir kein Weltmeer, keinen Luftsauerstoff und kein erträgliches Klima auf unserem blauen Planeten. Wenn man sich die Dinge im einzelnen überlegt, so hängen unsere Existenz und das ganze Leben auf unserer Erde an einem seidenen Faden. Gewiß, die Gleichgewichte dieser riesigen Naturkräfte sind recht stabil, so daß wir uns eigentlich über den nächsten Tag, den nächsten Sommer und das nächste Jahrhundert in der Naturgeschichte unseres Planeten weiter gar keine Gedanken machen. Wir nehmen das alles für selbstverständlich. In Wirklichkeit sind diese Gleichgewichte im Laufe der Erdgeschichte nicht immer so stabil gewesen, wie sie heute erscheinen. Wenn sich in dem großen Gleichgewicht der

Naturkräfte Schwankungen ereignen, sprechen wir von »Katastrophen«. Das Wort ist griechischen Ursprungs und bedeutet »Wende zum Schlechten«. Auch steckt in dem Begriff die Plötzlichkeit eines unerwarteten Unglücks, wobei ein zuvor stabiles Element polternd und zerstörerisch zusammenbricht.

In diesem Buch wollen wir eine Reihe von Änderungen in unserer Umwelt betrachten, welche durch den Menschen, seine stets wachsende Überzahl und durch seine Technik bereits verursacht worden sind. Sie nehmen schneller und schneller einen immer mehr bedrohlichen Charakter an, und es sieht so aus, als ob sie in nicht allzu ferner Zukunft Katastrophen verursachen würden. Gerade haben wir uns die Mühe gemacht zu erläutern, was eine Katastrophe ist. Diese Überlegung ist wichtig genug, um sie noch einmal zu wiederholen: Eine Katastrophe ist eine Schwankung, eine Störung oder sogar der Umsturz eines natürlichen Gleichgewichts auf unserem Planeten. Das ist der Grund, weshalb ich bisher so viel über den Begriff des Gleichgewichts gesprochen habe. Nur dann, wenn man diese wichtige Naturerscheinung begriffen hat, kann man auch abschätzen, was und wie groß eine Katastrophe ist.

Der Begriff des Gleichgewichts ist im Wesen so einfach, daß wir Naturwissenschaftler ihn in fast allen Fällen sehr gut erläutern können. Wir können mit relativ einfachen Mitteln zeigen, weshalb die Dinge so sind, wie sie sind. In dem Moment jedoch, in dem ein Gleichgewicht sich ändert, wenn es schwankt oder gar umstürzt, sind wir oft ratlos. Es fällt uns schwer, das Spiel der Kräfte zu verfolgen und zu überschauen, die dann eben zur Katastrophe, das heißt zum Umsturz des Gleichgewichtes geführt haben. Daran liegt es zum Beispiel, daß wir klassische Katastrophen in der Geschichte unseres Planeten, wie etwa die Eiszeiten, nicht einwandfrei deuten können. Wir wissen, daß diese Katastrophen sich schon mehrmals in der Geschichte unseres Planeten ereignet haben; Astronomen, Geologen, Meteorologen, Ozeanografen, Klimatologen und Biologen jedoch haben sich bis heute noch nicht auf eine eindeutige Ursache für diese Klimakatastrophen in der Geschichte unserer Erde einigen können.

Daß man die Eiszeiten in der Tat als echte Katastrophen in unserem Sinn ansehen kann, zeigt sich aus einigen überraschenden Beobachtungen. So hat man in Sibirien tiefgefrorene Mammutkadaver gefunden, die noch unverdautes Grünzeug in ihrem Magen hatten. Diese gewaltigen Tiere sind offenbar von einem Schneesturm überrascht worden und erfroren. Im nächsten Jahr jedoch muß ein besonders kühler und kurzer Sommer geherrscht haben, da die Kadaver nicht mehr aufgetaut sind. Eine Folge von sehr strengen Wintern und kurzen kühlen Sommern muß dann dafür gesorgt haben, daß die letzte Eiszeit in der Tat an gewissen Stellen in einem bestimmten Jahr, ja sogar an einem bestimmten Tag begonnen hat. Bei einem solchen plötzlichen Klimasturz kann man in der Tat von einer Katastrophe sprechen. In den letzten zwei Millionen Jahren der Erdgeschichte haben sich etwa im Rhythmus von 500000 Jahren vier große Eiszeiten ereignet, die durch sogenannte Zwischeneiszeiten voneinander getrennt waren. Während dieser milden Zwischenperioden war das Klima ungefähr so wie heute, ja gelegentlich sogar noch wärmer. Die letzte Eiszeit hat der Mensch sogar noch erlebt, da sie erst vor etwa 25000 Jahren zu Ende gegangen ist. Ja, es gibt sogar eine Reihe von Anthropologen und Psychologen, welche die Eiszeit für die schnelle Entwicklung der menschlichen Intelligenz verantwortlich machen. Die schnelle Klimaver-

schlechterung hätte ihn gezwungen, sich mit der Waffe seiner Intelligenz im Dasein zu behaupten. Wenn wir das Klima der letzten zwei Millionen Jahre überschauen, sieht es so aus, als ob auch unsere heutige geschichtliche Epoche in einer Zwischeneiszeit läge. Wir wissen nicht, wann wir damit rechnen müssen, daß das Klima wieder katastrophal umstürzt und wir in die nächste, die fünfte Periode der Eiszeiten der jüngeren Erdgeschichte eintreten.

Wenn man sich diese Überlegungen vor Augen hält, werden die Ursachen einer Eiszeit zu einer überaus spannenden Frage, und gerade mit einer Antwort liegt es im argen. Man hat Schwankungen in der Sonnenstrahlung dafür verantwortlich gemacht, da nur wenige Prozent in der Änderung der Energiezulieferung schon ausreichen, die mittlere Temperatur der Erde um ein paar Grad herabzusetzen und damit eine Eiszeit zu verursachen. Diese Strahlungsänderungen könnten in der Sonne selbst liegen; es könnte aber auch sein, daß periodische Schwankungen der Bahn unseren Planeten für Hunderttausende von Jahren jedes Jahr weit von der Sonne wegtreiben lassen, so daß die kürzeren Sommer das während der langen Winter aufgestaute Eis nicht mehr wegschmelzen können. Hunderttausende von Jahren später wird die Erdbahn wieder kreisförmiger, so wie sie heute ist, mit dem Resultat eines im Mittel milderen Klimas.

Auch Veränderungen in der Zusammensetzung unserer Atmosphäre können die Temperatur schwanken lassen. So läßt sich zeigen, daß nur eine geringe Änderung des Kohlendioxidgehalts in unserer Atmosphäre, der eher weniger als ein halbes Promille der Luftmasse ausmacht, die mittlere Temperatur der Erde erstaunlich stark beeinflussen kann. Darüber werden wir später noch sprechen, wenn wir die möglichen Folgen der industriellen Verbrennung von Kohle und Öl während der letzten hundert Jahre auf das Klima der Erde betrachten müssen. Wie dem auch sei, die Eiszeiten sind ein typisches Beispiel für Störungen des harmonischen Gleichgewichts unseres Planeten, die wir heute bündig noch nicht deuten können.

Wenn wir zuvor eine Katastrophe als den Umsturz eines Gleichgewichts der Natur gekennzeichnet haben, so gibt es dafür ein dramatisches Beispiel. Im ersten Kapitel haben wir davon gesprochen, daß die Strahlung der Sonne auf einem delikaten, ja man kann sogar sagen raffinierten Gleichgewicht beruht. Der Sonnenkern, in dem nukleare Energie frei wird, ist – wie die lange Geschichte der Sonne lehrt – stabil. Dennoch gibt es im Leben eines Sternes Ereignisse, bei denen dieses solare Gleichgewicht innerhalb weniger Stunden einstürzen kann. Dabei bricht auch der Stern zusammen, und mit einer gewaltigen Explosion von Licht und Strahlung, die weite Strecken des Weltalls durchrast, wird eine echt kosmische Katastrophe größten Ausmaßes kundgetan. Irgendwann in der Zukunft unserer Sonne wird das auch einmal passieren. Dann freilich kommt es zu einem ganz kurzzeitigen katastrophalen Ende des gesamten Lebens auf unserer Erde. So groß und für uns Menschen unvorstellbar diese kosmischen Katastrophen sind, so selten sind sie auch, ja, so selten, daß wir sie in unseren menschlichen Zeitmaßstäben eigentlich überhaupt nicht zu beachten brauchen.

Diese globalen und kosmischen Störungen des Gleichgewichts und die damit verbundenen großen Katastrophen sind für uns und unsere Kinder und Enkelkinder eigentlich nicht von Belang. Dafür sind sie zu selten oder sie kommen so langsam, daß sie sich innerhalb von wenigen Generationen kaum fühlbar machen.

Nun gibt es noch eine andere Art von Gleichgewichtsstörungen, das heißt von Katastrophen: biologische Katastrophen.

Diese sind für uns Menschen auch innerhalb weniger Generationen, ja sogar in einer Generation sehr aufregend, da wir selbst ein Teil der Biosphäre sind. Sie sind sehr spannend, interessant, wichtig, ja sogar lebensentscheidend für uns Menschen, da eine ganze Reihe von ihnen durch uns selbst verursacht worden sind oder noch verursacht werden. Für das Wissenschaftsgebiet, das sich mit Gleichgewichtszuständen in der Lebenssphäre befaßt, gibt es schon seit langem einen Namen: Ökologie. Auch für den Raum, in dem das Gleichgewicht der Lebenssphäre ruht, gibt es schon seit Jahrzehnten eine Bezeichnung, die von dem deutschen Biologen Jakob Johann von Uexküll stammt. Es ist ein Wort, das dieser Tage sehr modern geworden ist: Umwelt. Da wir Menschen in den letzten Jahrzehnten damit begonnen haben, unsere eigene Umwelt zum schlechteren zu verändern, das heißt schon fast katastrophal umzugestalten, ist der Begriff Umweltschutz heute so wichtig geworden.

Unsere Erde ist ein so lebensfreundlicher Planet, daß sich auf ihm im Laufe der letzten zwei Milliarden Jahre eine fast unüberschaubare Anzahl von Lebensformen entwickelt hat. Alle diese Arten freilich müssen sich die Erde teilen, wobei sie sich gegenseitig laufend Konkurrenz machen. Im Schnitt besteht zwischen den einzelnen Arten eben wieder ein Gleichgewicht, das sich durch die Bevölkerungszahl der einzelnen Arten ausdrückt. Die Gesetze dieses ökologischen Gleichgewichts, soweit es die Bevölkerungszahl der einzelnen Arten betrifft, sind knallhart. Deshalb spricht man ja auch vom Lebenskampf der Kreatur und von dem grausamen Gesetz des Fressens und Gefressenwerdens. Über lange Zeiten hinweg ist es

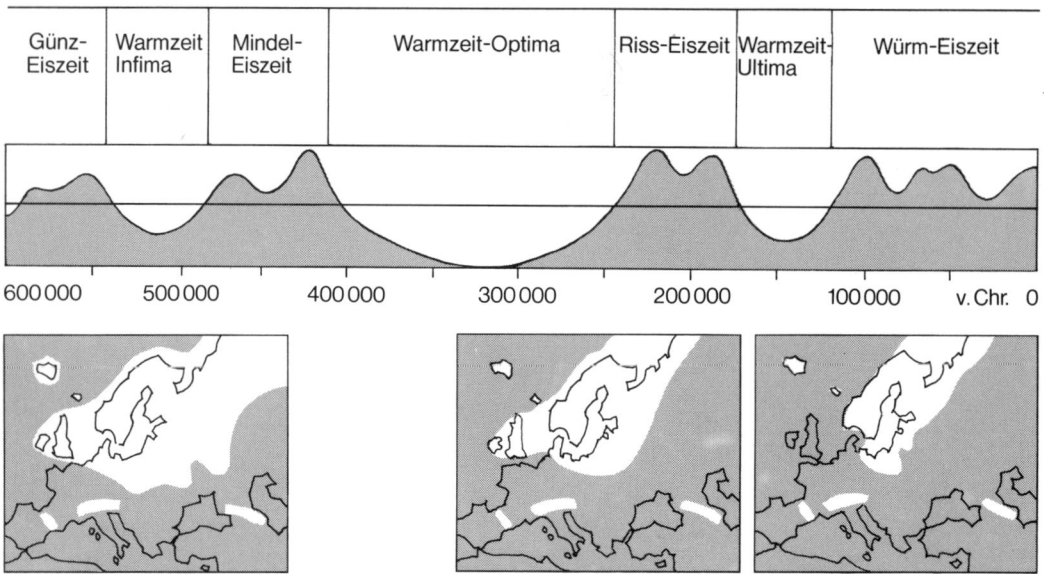

| Günz-Eiszeit | Warmzeit Infima | Mindel-Eiszeit | Warmzeit-Optima | Riss-Eiszeit | Warmzeit-Ultima | Würm-Eiszeit |

600 000   500 000   400 000   300 000   200 000   100 000   v. Chr.   0

Der Verlauf der Eiszeiten und Zwischeneiszeiten ist synchron aufgezeichnet mit den zeitlichen Schwankungen der Eisgrenze und dem Ausmaß der Kontinentalbedeckung.

der Natur immer gelungen, die Waage des Lebens wieder ins Gleichgewicht zu bringen, auch wenn sie gelegentlich ins Taumeln kam. Am besten ist es, wenn wir dafür ein ganz typisches Beispiel heraussuchen.

Die berühmten Inseln der Südsee sind fast ausnahmslos von gewaltigen Korallenbarrieren umringt. Korallen sind niedere Tiere, die zu den Hohl- oder Pflanzentieren gehören. Sie leben in winzigen Kalkhöhlen, die sie selbst durch Ausscheidung aus ihrem Körper aufbauen. Aus diesen Kalkskeletten bilden sich nach Hunderttausenden von Korallengenerationen ganze unterseeische Gebirge, die bis zur Wasseroberfläche reichen. Diese biologischen Gesteinsformationen sind sehr hart und dadurch imstande, dem jahrtausendelangen Angriff der Brandung zu widerstehen. Hinter dem Schutz dieser natürlichen Brandungsbarrieren gedeihen dann die paradiesischen Atolle der Südsee mit ihren zauberhaften Lagunen.

Da die Korallen Lebewesen sind, eignen sie sich als Futter, und es wäre erstaunlich, wenn sich im Laufe der Jahrmillionen nicht Tiere entwickelt hätten, die sich auf diese Diät spezialisiert hätten. Einer der größten Feinde der Korallen ist ein vielarmiger großer Seestern, der wegen seiner vielen giftigen Stacheln den poetischen Namen »Dornenkrone« trägt. Ein ausgewachsener Seestern dieser Gattung hat einen Durchmesser von einem halben Meter, 14 bis 18 Arme und ist imstande, pro Monat fast einen Quadratmeter Korallen abzugrasen. Diese Todfeinde der Korallen jedoch haben keine große Chance, sich übermäßig zu vermehren. Jeder weibliche Seestern dieser Art legt zwar in seinem Leben viele Millionen Eier, die jedoch – zusammen mit den kleinen bereits ausgeschlüpften Larven – ihrerseits von den Korallen eifrigst aufgefressen werden. Nur etwa ein Exemplar unter vielen Millionen hat daher im Korallenmeer die Chance, sich zu einem ausgewachsenen Seestern zu entwickeln. Mit diesen zwar grausamen, aber sehr feinen ausgewogenen Lebensverhältnissen sind Korallen und Dornenkronenseesterne seit vielen Millionen von Jahren miteinander ausgekommen.

In den letzten zehn Jahren ist in der Südsee dieses Gleichgewicht zugunsten der Seesterne umgestürzt. Hunderttausende von Seesternen grasen die Korallenfelsen der Südseeinseln vor Guam, Tahiti, den Tonga-Inseln, ja sogar in dem riesigen australischen Korallenriff vor der Nordost-Küste des fünften Kontinents ab. Sie hinterlassen tote Korallenriffe, die alsbald von schleimigen Algen bedeckt werden und jungen Korallen keine Chance mehr geben, sich neu anzusiedeln. Diese Bevölkerungsexplosion bekommt den Seesternen selbst letzten Endes überhaupt nicht. Sie haben sich an vielen Stellen bereits aus Haus und Hof gefressen, und zwar unter Hinterlassung eines unterseeischen Trümmerhaufens. Mittlerweile wird der unablässigen Brandung nichts mehr entgegengesetzt. Die toten Korallenriffe werden langsam niedergeschlagen, und die paradiesischen Inseln der Südsee sind heute nach einer Existenz von Millionen Jahren gefährdet. Was ist da passiert?

Biologen, Ozeanographen und Ökologen rätseln schon seit langer Zeit daran herum, wieso dieses schöne Gleichgewicht zwischen Korallen und Seesternen innerhalb so kurzer Zeit zusammenbrechen konnte. Zwei Gründe hat man dafür verantwortlich gemacht. Auf der Koralleninsel Guam zum Beispiel wurden während des Krieges zur Schaffung einer Hafeneinfahrt große unterseeische Sprengungen durchgeführt, die weite Strecken von Korallenriffen niedergelegt und entvölkert haben. In diesen Bereichen fanden dann die Eier und Larven der Seesterne keinerlei Korallen mehr vor, die

sie etwa aufgefressen hätten. Es waren dann viel zu viele Seesterne, die bis zur Reife heranwuchsen und sich auf die noch lebenden Korallenfelsen stürzten. Innerhalb weniger Jahre haben sie sich um die halbe Insel Guam herumgefressen und haben im Westen und Norden der Insel einen Korallenfriedhof hinter sich gelassen. Nur eine Großaktion, bei der Hunderttausende von Seesternen von Tauchern getötet wurden, haben es verhindert, daß der gesamte Korallenring um die Insel Guam zerstört wurde.

Für die Seesternpest am großen Korallenriff Australiens machen Meeresbiologen die Rücksichtslosigkeit von Schneckensammlern verantwortlich. Die ausgewachsenen Seesterne nämlich haben einen Erzfeind: die riesige Seeschnecke Tritonshorn. Diese hat ein herrliches Schneckenhaus, das unter Sammlern höchst begehrt ist. Unzählige dieser Großschnecken sind in den letzten Jahrzehnten gesammelt worden, und durch diesen Eingriff des Menschen in das Gleichgewicht der marinen Population hat sich der Dornenkronenseestern vor Australien über jene kritische Gleichgewichtsgrenze hinweg vermehrt. Auch dort vertilgt er jetzt schneller die Korallen, als diese ihm seine Jungen wegfressen können. Das Resultat ist auch hier wieder ein vom Menschen umgestürztes Gleichgewicht.

Obwohl die Dornenkronenseesterne im Schnitt sechzehn Arme und wir Menschen nur deren zwei besitzen, so können wir uns dennoch die Hände reichen. Uns Menschen ist nämlich dasselbe passiert. Auch in unserer Bevölkerung ist das Gleichgewicht, das seit Zehntausenden von Jahren bestanden hat, etwa in den letzten hundert Jahren eingestürzt. Auch wir leiden unter einer Bevölkerungsexplosion. Wir haben alle eine Ahnung davon und hören es auch immer wieder, daß die Zahl der Menschen in den letzten Jahrzehnten sehr steil zugenommen hat. Auch ist die technische und zivilisatorische Aktivität des Menschen in den letzten Jahren sehr stark angestiegen. Wie erschrekkend jedoch die Zunahme der Menschen auf unserer Erde ist, machen wir uns selten klar, obwohl die Zahlen jedem zugänglich sind. Mit der Entwicklung der Menschheit auf der Erde sieht es so aus:

Das Ausmaß der Vereisung der Nordhalbkugel während der maximalen Phase der letzten Eiszeit. Außerhalb des zusammenhängenden Eisschildes sind auch die höheren Gebirge weiter südlich stark vergletschert.

Zur Zeit Christi Geburt lebten etwa 250 Millionen Menschen auf der Welt. Es hat fast zwei Millionen Jahre gedauert, bis diese Bevölkerungsdichte erreicht war. Am Anfang ist die Menschheit der Anzahl nach nur sehr langsam vorangekommen, da die Zahl der Geburten der Zahl der Todesfälle praktisch immer fast die Waage hielt. Das Gesetz von d'Alembert war im Schnitt fast genau erfüllt. Einige Menschengattungen, wie etwa die Neandertaler und die Cro-Magnon-Rassen, sind sogar ausgestorben. Dann hat es ungefähr 1650 Jahre gedauert, das heißt bis zum Jahr 1650, bis sich die Weltbevölkerung auf 500 Millionen verdoppelt hatte. Schon zu Christi Geburt gab es recht viele Menschen auf der Erde, und damals

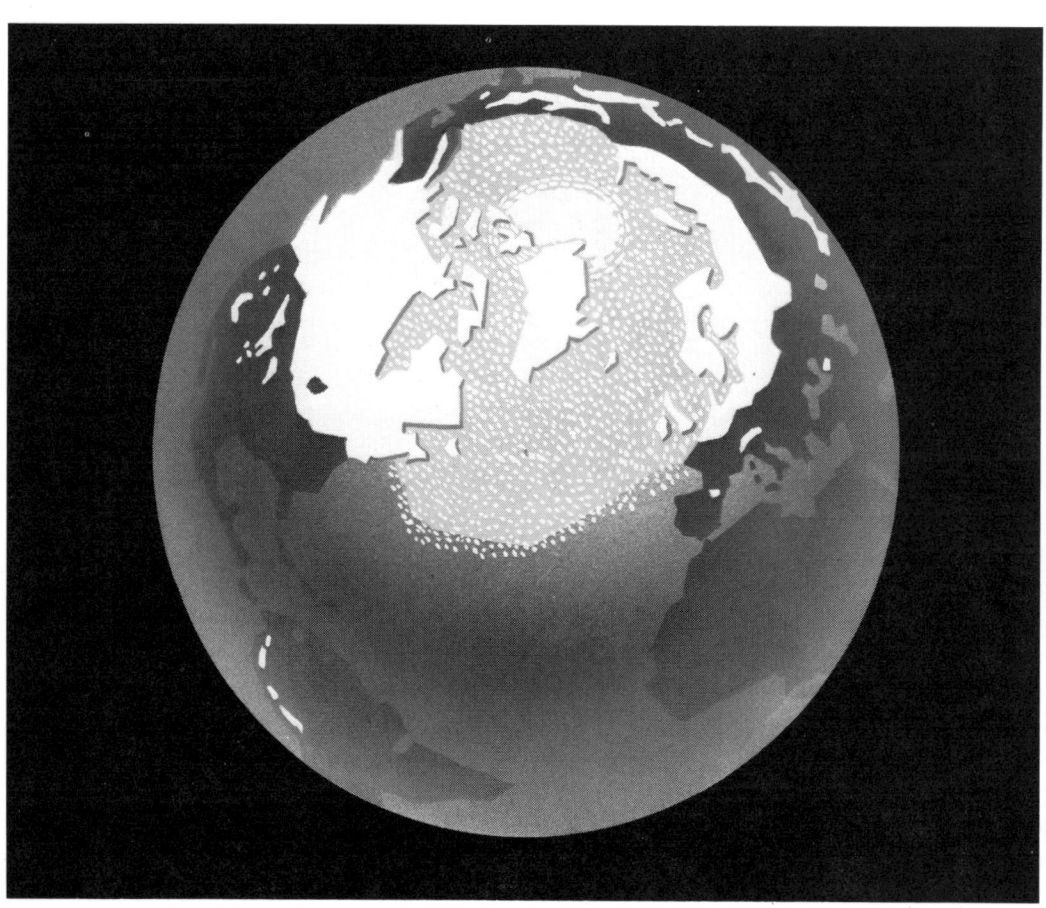

kam alle vier Sekunden ein neues Kind zur Welt. Das läßt sich leicht berechnen, wenn man bedenkt, daß die Geburtenzahl etwa drei Prozent der Bevölkerung ausmachte. Allerdings war damals die Sterblichkeit, besonders die Kindersterblichkeit, noch sehr hoch, so daß im Schnitt etwa auch alle vier Sekunden ein Mensch starb. Der Zeitunterschied zwischen Geburten und Todesfällen war so klein, daß es etwa sechs Minuten gedauert hat, bis die ganze Menschheit um eine Person zugenommen hatte. Man kann abschätzen, daß sich damals die Menschheit etwa um hunderttausend Individuen pro Jahr vermehrte. Diese Zahl ist dann im Lauf der Jahrhunderte etwas angestiegen, so daß es dann schließlich im Jahr 1650 etwa 500 Millionen Menschen auf der Welt gab. Im Jahr 1830 waren es jedoch schon eine Milliarde Menschen, die gleichzeitig auf der Erde lebten. Die Verdoppelungszeit hat sich also von 1650 bis 1830 auf 180 Jahre verkürzt. Bereits hundert Jahre später, das heißt im Jahr 1930, waren es zwei Milliarden. Ich erinnere mich noch gut – ich war damals in der Unterprima, als die Zwei-Milliarden-Grenze der Weltbevölkerung überschritten wurde. Bereits 45 Jahre später, das heißt im Jahr 1975, werden es wieder doppelt so viele Menschen sein, nämlich vier Milliarden. Heute, im Jahr 1973, da ich diese Zeilen schreibe, beträgt die Weltbevölkerung nämlich drei Milliarden und 850 Millionen. In den nächsten zwei Jahren, das heißt bis zum Jahr 1975, werden noch etwa 150 Millionen dazukommen. Ergebnis: Vier Milliarden. Das ist ungeheuerlich.

Wie war es doch zu Christi Geburt? Damals nahm die Weltbevölkerung im Jahr etwa um hunderttausend Menschen zu, und es dauerte jeweils sechs Minuten, bis ein neuer Mensch dazukam. Heute werden im groben Schnitt in jeder Sekunde drei Menschen geboren, und nur einer stirbt, das heißt, daß sich die Menschheit in jeder Sekunde um zwei Personen vermehrt. Da ein Jahr $31^1/_2$ Millionen Sekunden lang ist, bedeutet das, daß die Menschheit zur Zeit im Jahr um über 70 Millionen wächst. Das entspricht etwa der Bevölkerung der Bundesrepublik. Außerdem heißt das, daß sich die Menschheit alle drei Jahre um die gesamte Bevölkerung der Vereinigten Staaten von Amerika vermehrt. Und mit diesen erschreckenden Zahlen stehen wir, was die nächsten Jahrzehnte angeht, nur am Anfang. Seit Christi Geburt hat sich die Verdoppelungszeit der Menschheit laufend verkürzt: Von 1650 über 180 und dann 100 und schließlich auf 45 Jahre. Was heißt denn das? Demnach werden im Jahr 2005 acht Milliarden Menschen auf der Erde leben: wiederum doppelt so viel wie im Jahr 1975. Gleichzeitig wird sich die Zuwachsrate fast verdoppelt haben. Um das Jahr 2000 wird die Menschheit pro Jahr nicht um 75 Millionen, sondern um erwartungsgemäß 130 Millionen zunehmen.

Es gibt Gründe anzunehmen, daß die Zuwachsrate nicht mehr so schnell zunehmen wird, wie vielleicht jetzt. Bevor jedoch eine 1975 zu erwartende Abnahme des Geburtenüberschusses der Erdbevölkerung eintreten wird, muß die Weltbevölkerung in der ersten Hälfte des nächsten Jahrhunderts auf 15 oder vielleicht sogar 20 Milliarden anwachsen. Es liegt auf der Hand, daß bei einer derartigen Bevölkerungsexplosion die Gattung *homo sapiens* sehr bald unter unvorstellbaren katastrophalen Umständen gegen eine Mauer rennen muß.

Nehmen wir einmal das Jahr 2000. Die Bevölkerungen Afrikas, Südamerikas und Asiens (unter Ausschluß der Sowjetunion und Japans) wachsen sehr viel schneller als die Bevölkerungen der hochindustrialisierten Länder wie Europa, Nordamerika, Sowjetrußland und Australien. Im Jahr 2000 werden die unterentwickelten Länder fast

80 Prozent der Weltbevölkerung ausmachen. Es liegt auf der Hand, daß diese bis dahin auf fast sechs Milliarden angeschwollene arme Menschheit einen gewaltigen Druck ausüben wird auf die restlichen $1^1/_2$ Milliarden, die bis dahin fast 90 Prozent der Naturschätze und der Energievorräte des Planeten für sich beanspruchen werden. Das sind absolute Katastrophenzahlen, und bis zur Erreichung dieser Zustände sind es nur noch knapp 30 Jahre. Etwa Dreiviertel der heute lebenden Menschen und eine etwa noch einmal so große Zahl der bis dahin geborenen Nachkommen werden im Jahr 2000 dieser Situation gegenüberstehen.

Oft hört man die naive Meinung, daß der Mensch sich durch Kriege ja laufend dezimiere und dadurch seine Überzahl in Schach hielte. Ein paar Zahlen zeigen, wie völlig abwegig solche Ansichten sind. Der Zweite Weltkrieg war mit fast 30 Millionen Opfern mit Abstand die größte Kriegskatastrophe in der Geschichte der Menschheit. Während der sechs Jahre von 1939 bis 1945 sind also 30 Millionen Menschen vorzeitig gestorben. In der gleichen Zeit jedoch betrug die Zuwachsrate der Weltbevölkerung pro Jahr etwa 40 Millionen. Am Ende des Zweiten Weltkrieges war die Weltbevölkerung daher um 200 Millionen größer als zu Beginn dieses Krieges.

Eine Katastrophe, zumindest jedoch gewaltige Probleme und große Opfer der Menschheit für das Leben im Jahr 2000 sind heute schon nicht mehr zu vermeiden. Bedenken wir einmal: Mindestens drei der heute lebenden vier Milliarden Menschen werden die Jahrtausendwende erleben. Es ist überhaupt nicht damit zu rechnen, daß die etwa anderthalb Milliarden Ehepaare, die während der nächsten fünfundzwanzig Jahre fruchtbar sein werden, auf Kinder verzichten. Wenn wir nur mit zwei Kindern pro Ehe rechnen – und das ist sehr konservativ –, so kommen wir für das Jahr 2000 eben so oder so auf eine Bevölkerung von mindestens sechseinhalb Milliarden.

Diese bis zur Jahrtausendwende unvermeidlich anwachsende Menschenlawine läßt eine ausreichende Versorgung mit Nahrung und Energie fast aussichtslos erscheinen. Schon für die Erhaltung der heute lebenden Menschen haben wir riesige Löcher in den Vorrat unserer Naturschätze gerissen. Auch werden wir heute schon mit dem Abfall unserer Industrie und Landwirtschaft nicht mehr fertig. Die wenigen Maßnahmen, die heute ergriffen worden sind, reichen vielleicht noch nicht einmal aus, die bisher bereits angerichteten Schäden wiedergutzumachen. Was muß denn dann alles in Zukunft geschehen? Mit dem Umsturz des Gleichgewichtes seiner eigenen Bevölkerung droht der Mensch nun auch das Gleichgewicht des ganzen Planeten umzureißen. Nur größte und sofortige Anstrengungen können uns helfen, da wir auf einer menschlichen Zeitbombe sitzen, die einer baldigen Explosion unaufhaltsam entgegentickt.

4 Unser täglich Brot

Schon als Kind habe ich Schach sehr gern gemocht, wenn auch heute meine Spielstärke der Liebe, die ich für dieses Spiel empfinde, keineswegs entspricht. Da ich auch Mathematik sehr gern mag, ist mir die hübsche Geschichte von der Erfindung des Schachspiels natürlich nicht entgangen. Danach soll ein weiser Mann am Hofe eines indischen Königs dieses Spiel erfunden haben und von seinem Herrscher mit einem Wunsch dafür belohnt worden sein. Der weise Mann wünschte sich eine Weizenmenge, die kornweise auf dem Schachbrett ausgezählt werden sollte, und zwar ein Korn auf dem ersten Feld, zwei Körner auf dem zweiten, vier Körner auf dem dritten, acht Körner auf dem vierten und so weiter, immer doppelt soviel auf jeweils dem nächsten Feld, bis zum 64. Feld. Der König lachte nur über diesen törichten Wunsch und wies auf die Juwelen in seiner Schatzkammer hin. Er hatte nicht bemerkt, daß alle Reichtümer seines Königreiches, ja noch nicht einmal der ganzen Welt ausgereicht hätten, den Wunsch des schlauen Erfinders des Schachspiels jemals zu erfüllen. Diese teuflische Multiplikationsfolge nämlich erzeugt auf dem 64. Feld eine so unvorstellbar große Zahl von Weizenkörnern, daß auf jeden Quadratzentimeter der Erdoberfläche – wollte man sie gleichmäßig verteilen – im Schnitt zwölf Körner entfielen.

Diese Art der Multiplikation entspricht etwa dem Gesetz, mit dem sich Lebewesen in der Natur vermehren. Nehmen wir ein Mäusepaar, das zwei Junge bekommt, dann sind es vier Mäuse; zusammen mit seinen Eltern bekommt auch dieses Paar wieder je zwei Junge, dann sind es schon acht. In der nächsten Generation sind es sechzehn. Nach der gleichen verheerenden Regel, mit der der Erfinder des Schachspiels den König auf den Leim geführt hatte, geht es nun weiter. Mäuse und Nagetiere sind – zusammen mit ihren Verwandten, den Ratten, Hasen und Kaninchen – für eine sehr heftige Fruchtbarkeit bekannt; drei Generationen in einem Jahr sind keine Seltenheit. Freilich sind nach einigen Jahren die ältesten und älteren Mäuse schon längst gestorben, da diese Tiere ja nicht sehr alt werden. Wenn wir davon ausgehen, daß die Mäuse jeweils als Urgroßeltern sterben, dann benötigen wir insgesamt 93 Generationen, bis die Zahl der Mäuse so groß geworden ist wie die Zahl der Weizenkörner auf unserem Schachbrett. Allerdings haben wir dabei vorausgesetzt, daß jedes Mäusepaar pro Wurf nur zwei Junge bekommt; bestimmt sind es mehr. So können wir uns vielleicht darauf einigen, daß nach 75 bis 80 Generationen die Zahl der Weizenkörner erreicht ist. Nach dieser Korrektur brauchen wir also etwa 30 Jahre, bis es dazu kommt, daß auf jedem Quadratzentimeter der Landfläche der Erde 12 Mäuse zu finden wären. Just vor einer Stunde hat mein kleiner Junge im Garten eine tote Maus gefunden, deren Größe ich gemessen habe. Eine Maus hat ein Volumen von etwa zehn Kubikzentimeter. Das heißt also, daß die Nachkommenschaft eines Mäusepaares nach etwa 30 Jahren die gesamte Landfläche bis zu über einem Meter hoch bedecken müßte. Da dieser Zustand heute nicht existiert, und andererseits das Geschlecht der Mäuse schon älter als 30 Jahre ist, muß an unserer Rechnung etwas nicht stimmen.

An unserer mathematischen Regel des organischen Wachstums kann es nicht liegen. Ein jeder von uns ist von dem Moment der Zeugung an nach dieser Multiplikationsfolge zunächst einmal gewachsen. Wir alle begannen mit einer Zelle, dann waren es zwei, dann vier, dann acht und so weiter, bis die Billionen von Zellen, aus denen der menschliche Körper besteht, sich zusammenmultipliziert hatten. Dann allerdings verlangsamte sich das Wachstum und kam schließlich völlig zum Stillstand. Die Bremse, welche die Zellenmultiplikation schließlich herunterdrückte und zum Stillstand brachte, liegt im Innern des Organismus und ist Teil der organischen Entwicklung des Individuums. Bei den Mäusen waren es äußere Kräfte, welche in diese geradezu bedrohliche Vermehrungsrate eingriffen. In guten Mäusejahren mästen sich die Eulen, Katzen, Füchse und Elstern, und sollten diese natürlichen Feinde der Mäuse der Vermehrung dieser Nager keinen Einhalt gebieten können, dann erfrieren Millionen von ihnen; sollten immer noch zu viele übrig sein, so werden diese einfach verhungern.

Unser groteskes Beispiel mit den Mäusen auf dem Schachbrett hatte lediglich zur Voraussetzung, daß sich die Zahl der Mäuse in jeder Generation verdoppelte. In der bisherigen Geschichte der Menschheit ist so etwas freilich noch nie der Fall gewesen. Während der ersten anderthalb Jahrtausende lebten auf der Erde fast 50 Generationen, bis sich die Menschenzahl verdoppelte. Im letzten Jahrhundert allerdings verdoppelte sie sich bereits innerhalb von drei Generationen, und heute verdoppeln wir uns innerhalb einer einzigen Generation, ja sogar noch etwas schneller. Wenn das nur 900 Jahre so weiter ginge wie heute, so würde es uns so gehen, wie den Mäusen auf dem Schachbrett. Und dabei sind 900 Jahre doch gar keine so lange Zeit! Karl der Große hat ja schon vor mehr als 900 Jahren gelebt. Im Jahr 2800 würden es demnach dann 100 Menschen auf dem Quadratmeter geben. Wir würden dann, wie Sardinen dicht gepackt, die gesamte Oberfläche der Erde – nicht etwa wie die Mäuse auf dem Schachbrett nur einen Meter – sondern 40 Meter hoch bedecken. Genauso wie bei unserem Beispiel mit den Mäusen wird sich lange vor dem Jahr 2800 die Rate unserer Bevölkerungszunahme von heute wohl ändern müssen.

Im Gegensatz zu den Mäusen, die von Eulen, Katzen, Füchsen und Elstern unerbittlich verfolgt werden, haben wir Menschen eigentlich kaum mehr nennenswerte natürliche Feinde. Dafür haben wir im Verlauf unserer Geschichte mit unserer Intelligenz gesorgt. Nur eine Handvoll Menschen fallen jedes Jahr Großkatzen in den Dschungeln Afrikas oder Indiens noch zum Opfer; die Zahl der Badenden, die an den Küsten der Weltmeere von Haien angefallen werden, ist auch sehr gering. Die weitaus größte Zahl an Menschenopfern durch größere Tiere kommt auf das Konto der Giftschlangen. Das sind noch unsere größten Feinde. Auf einem ganz anderen Blatt freilich stehen die Bazillen und Mikroben. Weit um sich greifende Epidemien haben der Menschheit bis noch vor knapp 100 Jahren oft empfindliche Verluste zugefügt, und auch heute noch sind diese Gefahren nicht ganz gebannt. Indessen ist es der medizinischen Wissenschaft gelungen, diese Geißeln der Menschheit praktisch völlig zu beherrschen. Die Zahl der Menschen, die heute jedes Jahr den Pocken, der Cholera, dem Gelbfieber, der Schlafkrankheit oder der Tuberkulose zum Opfer fallen, wird immer kleiner. Genauso bekommen wir die heute noch am weitesten verbreitete Krankheit, die Malaria, langsam in den Griff.

Die Berechnung des makabren Zustandes im Jahr 2800 mit einer auf der Gesamtfläche der Erde 40 Meter hochgestapelten Menschheit ist freilich eine mathematische Fiktion und mit seinem Ergebnis ein kompletter Unsinn. Ich konnte mir jedoch nicht verkneifen, diesen Alptraum zu berechnen, um zu zeigen, daß es mit der Fortpflanzung der Menschheit nicht so weitergehen kann; nein, viel einfacher noch, daß es nicht so weitergehen wird. Das Problem, das uns heute zum Ende des zweiten Jahrtausends unserer Zeitrechnung ins Gesicht starrt, ist mit Abstand die größte Krise, die die Menschheit seit ihrem Ursprung je erlebt hat. Alle anderen geschichtlichen Ereignisse verblassen gegenüber diesem Problem zur historischen Bedeutungslosigkeit. Die Bevölkerungszahl der Menschen auf dem Planeten Erde ist im Rahmen der Kräfte der Natur aus dem Gleichgewicht geraten. Und das – wie wir uns zuvor klargemacht hatten – bedeutet im echten Sinne eine Katastrophe.

Ein Problem von dieser gigantischen Größenordnung hat wenigstens einen Vorteil: die Möglichkeiten zu einem Abbruch dieser Entwicklung sind ihrer Zahl nach eben wegen ihrer fundamentalen Bedeutung so gering, daß sich die Alternativen an der Hand abzählen lassen. Gegen die katastrophal anwachsende Zahl der Menschheit hätte die Natur lediglich folgende Rezepte:

1. Trotz aller medizinischen Fortschritte und der überaus wirksamen und tüchtigen Wachsamkeit der Weltgesundheitsbehörden könnte eine Seuche ausbrechen. Vielleicht sogar eine völlig neue Seuche, die wir eben wegen ihrer ausgefallenen Mutation nicht schnell genug beherrschen können. Eine Superpest, der heutigen Superpopulation angemessen, könnte vielleicht 50, 60, 80 oder vielleicht sogar auch 90 Prozent der Menschheit innerhalb weniger Monate dahinraffen.

2. Die bisherigen altmodischen Kriege, die nach dem Rezept des Erfinders des Schießpulvers geführt worden sind, sind bei weitem nicht imstande, dem Zuwachs der Menschenzahl auf der Erde Einhalt zu gebieten. Mit einem weltweiten Atomkrieg allerdings könnte ein Drittel, die Hälfte, ja sogar 90 Prozent der Menschheit ihr Ende finden.

3. Mit dem gewaltigen Fortschritt ihrer Technik gelingt es der Menschheit, den Überschuß ihrer Bevölkerung zu anderen Planeten auswandern zu lassen, so daß die Bevölkerungszahl der Menschheit auf einer stabilen erträglichen Höhe erhalten wird.

4. Die Menschheit vermehrt sich weiter, wobei sie sich bei steil zunehmender Zahl freilich pro Kopf mit immer weniger und immer schlechterer Nahrung bescheiden muß. Eine Grenze wird dann erreicht, wenn der Geburtenüberschuß verhungert.

Eine Superseuche, welche die heutige oder zukünftige Superbevölkerung befallen könnte, erscheint nicht sehr wahrscheinlich. Allerdings sind in der Biologie Monokulturen für einen plötzlichen explosiven Schädlingsbefall sehr verwundbar, so daß es fast zu einer völligen Vernichtung der Population binnen kurzem kommen kann. Durch unseren ungeheuren Bevölkerungserfolg haben wir uns unter den Säugetieren fast schon zu einer Monokultur entwickelt. Umgekehrt sind wir ja Epidemien gegenüber sehr auf der Hut, und selbst von den klassischen epidemischen Krankheitserregern droht uns kaum eine Gefahr. Gewiß, gelegentlich einmal breitet sich ein neuer Grippevirustyp aus. Dieser bekommt dann prompt seinem Ursprung nach einen Namen, und nach wenigen Wochen haben unsere Ärzte einen Impfstoff dagegen gefunden. Auch von dem Aufflackern der klassischen epidemischen Krankheiten, wie der Pest und der Cholera, von denen man in den letzten Jahren gelegentlich gehört hat, droht der Menschheit keine echte Gefahr mehr.

Eine völlig neue Seuchengefahr könnte eigentlich nur von uns selbst kommen. Unsere biologische Forschung hat in den letzten zehn Jahren so große Fortschritte gemacht, daß wir heute dicht davor stehen, in der Retorte künstlich Leben zu erzeugen. Solche Lebensformen freilich werden die einfachsten sein, das heißt Viren. Was ich nun sage, soll in keiner Weise die Fachkundigkeit und die Sorgfalt meiner biochemischen Kollegen in ein falsches Bild setzen. Immerhin besteht eine Möglichkeit, daß bei unseren Versuchen, einen künstlichen Virus herzustellen, ein völlig neuer Krankheitskeim von unkontrollierbarer Virulenz erzeugt wird. So habe ich mir überlegt, was denn vielleicht passieren könnte, wenn ein solcher künstlicher Virus spezifisch auf die Netzhaut oder auf den Sehnerv des Menschen reagiert. Es könnte dann sein, daß innerhalb von wenigen Wochen fast die gesamte Menschheit durch eine Epidemie dieser Art erblindet. Ganz ausgeschlossen ist so etwas nicht – es ist jedoch so unwahrscheinlich, daß auch dieses zwar katastrophale Ende der Übervölkerung auf unserem Planeten wohl kaum zu erwarten ist.

Die zweite Möglichkeit, daß die Menschheit von dem Fluch ihrer eigenen Überzahl demnächst befreit wird, wäre ein weltweiter Atomkrieg. Wenn man diesen Satz, den ich eben hingeschrieben habe, noch einmal durchliest, so empfindet man ihn als sarkastisch, ja sogar als makaber. An dieser Stelle freilich habe ich mir nicht die Aufgabe

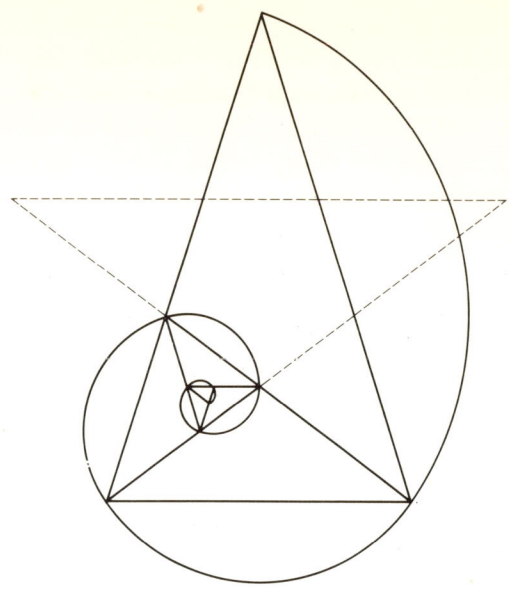

Eine Schar ineinander geschachtelter gleichseitiger, sogenannter goldener Dreiecke, deren Seiten mit ihren Grundlinien das Verhältnis des goldenen Schnitts, 1,618:1, bilden. Die schnell wachsende Spirale, welche die Ecken der Dreiecke verbindet, kennzeichnet das organische Wachstum.

gestellt, ein moralisches oder ethisches Essay zu schreiben. Ein weltweiter Nuklearkrieg mit mehr als 90 Prozent Verlusten der Menschheit würde der Übervölkerung für eine gewisse Zeit Schranken setzen. Die Grausamkeit dieser Idee beleuchtet die Schwere unseres Problems in aller Schärfe. Wir haben an dieser Stelle nun einmal das Thema angefaßt, wie überhaupt der größte Teil der Menschheit auf unserem Planeten verschwinden könnte. Wir wollen ja ohne jedes Urteil über die Moral des Geschehens lediglich Ereignisse ins Auge fassen, denen die Mehrzahl der Menschheit in kurzer Zeit zum Opfer fallen könnte. Zu solchen Ereignissen gehört leider auch ein weltweiter Nuklearkrieg.

Dieses mögliche, furchtbare Ereignis ist im Hinblick auf das Wesen des Menschen keineswegs auszuschließen. Immer wieder haben Menschenmassen Diktatoren gehuldigt und ihnen ihre eigene Entscheidungsfreiheit überlassen. Ohne diese bedrohliche Neigung des Menschen hätte es niemals einen Cheops, einen Alexander, einen Dschingis-Khan, einen Napoleon, einen Hitler oder einen Stalin gegeben. Es ist denkbar, daß ähnliche Figuren sich in nicht allzu ferner Zukunft gegenüberstehen und sich entschließen, einander zu bekämpfen, und dadurch mit der übermenschlichen Vernichtungskraft des Atoms das Leben auf unserem Planeten praktisch auslöschen. Sollte sich ein solcher Atomkrieg ereignen – und wir müssen leider mit einer gewissen Wahrscheinlichkeit damit rechnen –, so würde dadurch nur eine Katastrophe durch eine andere ersetzt werden.

Sodann gibt es die Hoffnung, zu anderen Planeten auszuwandern und dort neue und immer größere Kolonien zu gründen. Diese Lösung für das Übervölkerungsproblem wird immer wieder in die Debatte gebracht. Solche Vorschläge kann man freilich nur als idiotisch bezeichnen, und wir erwähnen sie an dieser Stelle nur deswegen, weil es immer noch Leute gibt, die mit dieser Lösung liebäugeln. Die Weltöffentlichkeit hat in den letzten Jahren öfters erlebt, daß ein erheblicher Prozentsatz der technischen und wirtschaftlichen Produktion der Vereinigten Staaten erforderlich war, um etwa im Schnitt alle acht Monate drei Astronauten zum Mond zu befördern und sicher wieder zur Erde zurückzubringen. Um die Weltbevölkerung von heute auf dem gleichen Stand zu halten, müßten im Jahr etwa 70 Millionen Passagiere in den Weltraum befördert werden. Der Aufwand hierzu überschreitet die technische Potenz der heutigen Menschheit etwa um das Dreißigmillionenfache.

Damit wären diese 70 Millionen Menschen auch erst von der Erde entfernt. Wo sie dann allerdings ihre Zelte aufschlagen und weiterhin glücklich leben sollen, darüber machen sich diese Utopisten weiter keine Gedanken. Eine zweite jungfräuliche Erde, die sie etwa kolonisieren könnten, gibt es in unserem ganzen Sonnensystem nicht. Freilich ist es in weiter Zukunft nicht ausgeschlossen, daß wir den Planeten Venus künstlich umgestalten und aus ihm eine zweite Erde machen können; auch könnte der Antrieb für Weltraumschiffe so rationalisiert werden, daß Passagiere in großen Zahlen ökonomisch sinnvoll transportiert werden könnten. Alle diese Entwicklungen liegen jedoch so weit in der Zukunft, daß uns die Bevölkerungslawine bis zur Lösung dieser technischen Aufgaben längst überrollt haben wird. Diese ganze Idee ist für die Lösung unseres Problems heute völlig ungeeignet und so abwegig, daß wir uns darüber nicht mehr zu unterhalten brauchen.

Es sieht also so aus, als ob nur mehr die vierte Alternative übrig bliebe: Wir Menschen vermehren uns auf unserem blauen Planeten ungehemmt so weiter, wie wir es bisher getan haben. Irgendwann einmal wird uns dann Nahrungsmangel an unserer Ausbreitung brutal hemmen. Die Grenze wird dann erreicht werden, wenn der jeweilige Geburtenüberschuß der Menschheit verhungert.

Diese lapidare Feststellung klingt sehr grausam und inhuman. Bei näherer Betrachtung jedoch ist dies das wichtigste Rezept im Arsenal der Natur, um in ihrer Population überschäumende Arten in die Schranken zu weisen. Heuschrecken vermehren sich oft bis an diese Grenze heran oder darüber hinaus. Wenn sie dann quadratkilometerweise alles Grünzeug weggefressen haben, begeben sie sich auf die Wanderschaft und werden dann zu einer Plage, von der schon die Bibel zu berichten weiß. Irgendwann jedoch sagt die Natur »stop«. Wenn es dann nichts mehr zu fressen gibt oder wenn die Heuschrecken die Grenzen ihrer Wanderfähigkeit erreicht haben, so verhungern sie zu Milliarden.

Der Menschheit ist es in ihrer Geschichte diesen Naturgesetzen entsprechend ergangen. Der Grund, weshalb die Menschen in den ersten 100000 Jahren ihrer Existenz eigentlich immer um ihren Fortbestand bangen mußten, bestand eben darin, daß sic fast immer am Verhungern waren. Mühsam haben unsere Vorväter als Früchtesammler und Kleintierjäger die nötige Nahrung für sich und ihre Nachkommen zusammengekratzt. Der Urmensch hatte immer Hunger, und aus jener Zeit stammt noch eine physiologische Eigenschaft unserer Gattung, welche Ernährungswissenschaftler erst jüngst in ihrer vollen Bedeutung erkannt haben. Es bekommt unserem Organismus gar nicht so sehr, drei volle Mahlzeiten am Tag zu sich nehmen. Es ist viel gesünder, wenn man den ganzen Tag über immerzu kleine Happen zu sich nimmt. Mit dieser Ernährungsweise sind wir Menschen groß geworden, als unsere Vorfahren noch durch Steppen und Wälder strichen, sich an dieser Stelle eine Beere, dort eine Wurzel oder vielleicht auch einmal eine Heuschrecke oder ein Vogelei zu Gemüte führten. Drei sättigende Mahlzeiten gab es damals praktisch nie. Die Menschheit hat sich während 99 Prozent ihrer bisherigen Geschichte nur sehr langsam vermehrt, weil ihr Seuchen und Krankheiten dauernd zusetzten und auch besonders die Kindersterblichkeit sehr hoch war. Im wesentlichen wohl lag es an dem dauernden Hunger, weshalb den Menschen das Wachstum als Gattung durch die Tausende von Jahren so schwerfiel.

Die wichtigste Bitte im Vaterunser lautet: *Unser täglich Brot gib uns heute.* Darin schon drückt sich aus, daß das Problem der unzureichenden Nahrung den Menschen seit Urzeiten verfolgt hat. In jedem von uns steckt ein tiefverwurzelter Respekt vor dem Stück Brot. Ich erinnere mich, daß ich als Kind von einem Märchen tief beeindruckt war: Eine rücksichtslose, reiche Familie nutzte feines Weißbrot, um ihr Kind, das in den Brunnen gefallen war, zu reinigen und zu trocknen. Noch am gleichen Tag traf sie der Blitzschlag. Das erschien mir als eine völlig gerechte Strafe für diesen Frevel am täglichen Brot.

Die Angst vor dem Verhungern hat der Menschheit immer schon in den Knochen gesessen, da es in allen geschichtlichen Epochen Hungersnöte gegeben hat – bis in die neueste Zeit hinein. Noch vor 50 oder 100 Jahren waren Hungersnöte in Indien und in China ein oft wiederkehrendes Unglück. Schon seit längerer Zeit gehören diese Länder zu den volkreichsten auf der Erde, und ihre Existenz hing deshalb seit je am seidenen Faden, nämlich an einer guten oder an einer schlechten Ernte. Selbst die Großmacht Sowjetunion muß jedes Jahr um eine gute Ernte bangen. So ist es die Menschheit seit je gewohnt, was den Hunger anbetrifft, an der Kante ihrer Existenz zu leben.

Eine Zeitlang während der letzten 30 Jahre schien es, als ob das Gespenst des Hungers gebannt sei. Im Jahr 1948 haben amerikanische Landwirtschaftsexperten die stolze Behauptung aufgestellt, daß man des Hungers der Menschheit Herr geworden, daß die Ernährung der Weltbevölkerung für die Zukunft sichergestellt sei. Damals freilich hatte man die Zahl der Menschen auf der Erde für das Jahr 1960 auf zweieinviertel Milliarden angesetzt. Die amerikanische Zeitschrift *Time* schrieb damals, daß viele Experten diese Schätzung für übertrieben hielten. In Wirklichkeit war es so, daß im Jahr 1960 bereits drei Milliarden Menschen auf der

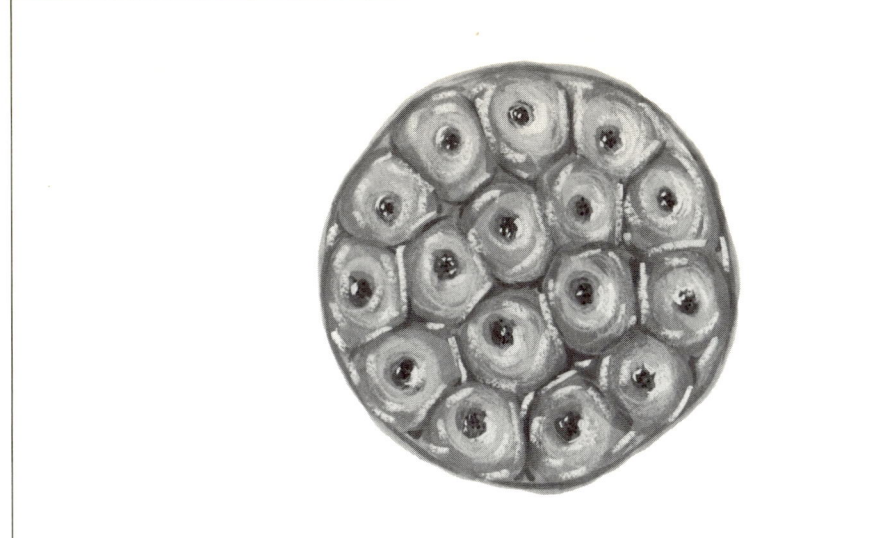

Das sogenannte Maulbeer-Stadium im Wachstum eines befruchteten Eis. Der Keimling vermehrt sich während der ersten 20 Schritte der Zellteilung nach dem Prinzip der Verdoppelung.

Erde lebten. Das war – 1948 – auch die Zeit, in der die amerikanische und kanadische Landwirtschaft mit ihrer phantastischen Leistungsfähigkeit begann, alle Rekordernten zu schlagen. Die Regierung mußte zu Hilfe kommen, um die riesigen Überschüsse der Weizenernten zu stapeln. Alle Silos waren überfüllt, und ausgediente Schiffe in den Häfen wurden mit Weizen vollgepackt. Die amerikanische Regierung schließlich ging dazu über, ihren Farmern eine Prämie für jeden Hektar zu bezahlen, den sie im nächsten Jahr nicht anpflanzten, um den Staatssäckel von weiteren unlösbaren Aufgaben der Lagerung zusätzlicher Jahreserträge zu entlasten. Auch wir in Deutschland kennen das Problem des »Butterberges«. Wozu also

sollten wir uns Sorge machen – so dachte ein jeder während der letzten 20 Jahre –, wenn wir nicht einmal wissen, wohin mit dem Überfluß?

Seit dem Ende des letzten Krieges hat unser Gewissen auch nicht geschlagen, wenn wir gelegentlich von Hungersnöten in China oder in Indien gehört haben. Die Amerikaner haben da ja immer sofort eingegriffen, indem sie ein paar hundert Schiffe mit Weizen in die Gefahrenzonen schickten, und nach drei Wochen ward von der Hungersnot nichts mehr gehört. Dieser ungeheure Erfolg der landwirtschaftlichen Technik während der letzten 50 Jahre hat uns alle ruhig schlafen lassen, soweit es die Ernährung der Menschheit angeht. Indessen müssen wir uns erinnern, daß wir letzten Endes den Mäusen auf dem Schachbrett gleichen.

Wenn man einmal das Welternährungsproblem näher ansieht, so stellt man fest, daß die Menschheit als Ganze hungert. Die Ernährungswissenschaftler haben festgestellt, daß zu einer ausreichenden Ernährung 2400 Kalorien pro Tag erforderlich sind. Der Durchschnitt in volkreichen, unterentwik-

43

kelten Ländern jedoch liegt bei 1600 Kalorien. Eine Person in den westlichen Kulturländern, die an Übergewicht leidet und täglich ihre Kalorientabelle studiert, kann das freilich nicht beeindrucken. Streng betrachtet jedoch heißt es, daß ein großer Teil der Menschheit heute schon bedrohlich unterernährt ist und daß im Jahr zwischen 5 und 20 Millionen Menschen verhungern. Die Zahl der verhungerten Menschen pro Jahr auf unserem blauen Planeten läßt sich nur schätzen, da ein durch Nahrungsmangel geschwächter Organismus sehr anfällig ist und oft in den Statistiken als Opfer anderer Todesursachen erscheint.

Es liegt eine erschreckende Diskrepanz darin, daß heute noch die Silos der westlichen Welt überfüllt sind und fast alle Industrieländer so oder so auf einem »Butterberg« sitzen, während andererseits viele Menschen in der Welt – vor allem Kinder – vor dem Hungertod stehen. Wenn man als Mensch so etwas bitter beklagt, hat man völlig recht. Es ist aber gar nicht so einfach, 1000 Tonnen Weizen, die in einem Libertyschiff in einem Hafen der Vereinigten Staaten lagern, zu mobilisieren und zu einem Ort der Erde zu schicken, wo sie gebraucht werden und wo auch die Verarbeitung in Brot garantiert ist. An diesen gewaltigen Schwierigkeiten scheitert oft der beste Wille zur Überwindung von Hungersnöten – ganz abgesehen von der Frage, wer diese Operationen letzten Endes bezahlen soll.

Die Landwirtschaftsexperten aus dem Jahr 1948 sind heute, ein viertel Jahrhundert später, etwas zurückhaltender geworden. Es hat sich nämlich gezeigt, daß die nutzbare Akkerfläche auf unserer Erde nicht sehr viel weiter gesteigert werden kann. Wenn man mit einem Jumbo-Jet um die Erde fliegt und die riesigen Steppen Asiens, die Prärien Amerikas und die Savannen Afrikas überfliegt, so hat man das Gefühl, unser Planet

sei praktisch noch unbewohnt und ungenutzt. Das ist bei näherer Überprüfung nicht der Fall. Fast die gesamte Landfläche der Erde ist zu trocken, zu steil, klimatisch zu ungünstig oder schon für andere Zwecke vorgemerkt, so daß eine entscheidende Steigerung pflanzlicher Nahrungsproduktion durch Ackerbau kaum erzielt werden kann. Die Regierungen der Entwicklungsländer wiederholen dabei genau den Fehler, den wir alte Industrieländer uns heute anlasten: Rücksichtslos müssen sie die Wälder herunterroden, um den Ackerbau zu fördern.

An dieser Stelle reden wir nur rein von der Fläche, wobei wir allerdings auch noch nach dem Erfolgsrezept des Ackerbaus der letzten 100 Jahre mit einer Steigerung der Erträge rechnen können. Eine Verdoppelung, eine Vervierfachung, ja sogar eine Verzehnfachung war da die Regel. Das Zauberwort hier ist: künstliche Düngung. Die Menschheit verbraucht im Jahr 30 Millionen Tonnen Kunstdünger. Um den Ertrag des Akkerlandes der ganzen Welt auf ähnliche Werte wie in den Industrieländern zu steigern, wären heute schon 600 Millionen Tonnen Kunstdünger erforderlich. Dann könnten wir die Weltbevölkerung heute ausreichend ernähren. In 30 Jahren freilich, wenn wir uns wiederum verdoppelt haben werden, müßte man mit einem Weltverbrauch von 1,2 Milliarden Tonnen Kunstdünger rechnen. Verläßliche Schätzungen über die Möglichkeit, die Kunstdüngerproduktion der Welt in den nächsten 30 Jahren zu steigern, kommen zu dem Ergebnis, daß im Jahr 2000 wohl nur etwa ein Zehntel dieses erforderlichen Betrages an Kunstdünger produziert werden kann.

Das ist eine bittere, aber nicht abwendbare Tatsache, daß etwa nur ein Zehntel der Landoberfläche unseres Planeten für einen erfolgreichen Ackerbau zur Verfügung steht. Hier sind wir heute schon an einer Grenze angelangt, so daß jede Vergrößerung der Ackerflächen auf Kosten von Grasland und Wäldern ginge. Die Erhaltung dieser Naturschätze jedoch ist, von der Nahrung völlig abgesehen, für die Menschheit ebenso wichtig. Wir wollen ja auch unsere Nutztiere grasen lassen und das Holz der Wälder für unsere Industrie nutzen können. Auch fällt

ein großer Teil der landwirtschaftlichen Nutzfläche für die Nahrung unmittelbar aus, da wir ja auch Gummi, Baumwolle, Tabak, Kaffee und Tee anpflanzen wollen. So verweisen viele Experten auf die über 70 Prozent der Erdoberfläche, nämlich das Meer. Die Vorräte des Meeres sind nach menschlichen Begriffen zwar unerhört groß. Jährlich können wir zwischen 100 und 150 Millionen Tonnen Nahrungsmittel aus dem Meer fischen. Diese Ernte erreichen wir heute schon fast, mit dem Erfolg, daß wir diese fundamentale Nahrungsquelle unseres Planeten bereits angeschlagen haben. Fischereibetriebe in der ganzen Welt melden rückläufige Tendenz. Sehr kluge Nahrungswissenschaftler haben die einfachste Pflanze

Vom Weltall aus gesehen erscheint die Erde völlig leer, und man erkennt keinerlei Zeichen, daß sie in Wahrheit von uns Menschen schon bis an die Grenze der Tragbarkeit bevölkert ist.

der Welt, nämlich die Alge, als letzten Ausweg vorgeschlagen. Die Überlegung dabei war vor allen Dingen, daß bei einer Verkürzung der Nahrungskette Energie gespart wird. Von 1000 Kalorien, welche von den Algen durch das Sonnenlicht umgesetzt werden, kommen nämlich zum Schluß nur, wenn der Mensch einen Räucheraal ißt, weniger als eine Kalorie seiner Ernährung zugute. Überzeugende Rechnungen zeigen, daß man mit der Sonnenenergie, umgesetzt unmittelbar durch die Algen und von uns anschließend verzehrt, recht weit kommen kann. Es ist unter diesen Umständen theoretisch möglich, 15 Milliarden oder vielleicht sogar 30 Milliarden Menschen zu ernähren, wenn sie sich auf eine Diät von Algenpasten spezialisieren. Diese Präparate sehen recht unappetitlich aus und sollen stark nach altem Fisch riechen und schmecken. Die Experten, welche diese Algenpasten entwickelt haben, sind wohl in der guten Hoffnung, daß sie auch weiterhin Steaks und Weizenbrot essen, während sich andere von ihren Produkten ernähren sollen.

Man kann sich drehen und wenden wie man will, der Menschheit droht eine weltweite Hungersnot. Unser Brot, um das wir täglich beten, ist uns keineswegs garantiert. Auch unsere vielgerühmte Technik kann das Energieprinzip nicht umgehen. Letzten Endes ernährt uns die Energie der Sonne, und alljährlich fällt nur ein bestimmter Betrag dieser lebenserhaltenden Energie auf unseren Planeten. Nur ein Bruchteil dieser Energie setzt sich in Nahrung um, so daß allein dadurch dem Wachstum der Menschheit eine Grenze gesetzt ist. Unsere Intelligenz, unser Erfindungsreichtum und unsere erstaunliche Beherrschung der Naturkräfte haben uns bisher vor dem Schicksal einer globalen Hungersnot bewahrt. Wie lange noch?

5 Keine Rose ohne Dornen

Ende des 18. und Anfang des 19. Jahrhunderts lebte in England ein Theologe, Historiker und Professor der politischen Wirtschaftswissenschaften – ein damals völlig neues Gebiet. Sein Name war Thomas Robert Malthus. Die amerikanische Enzyklopädie mit ihrer internationalen Ausgabe, die erstmalig im Jahr 1829 veröffentlicht worden ist, schreibt über ihn: »In seinem berühmten *Essay on the Principles of Population* hat er im Jahr 1798 die seither unter seinem Namen bekannte Doktrin veröffentlicht, nämlich daß der Zuwachs der Bevölkerung einem geometrischen, der Zuwachs der Lebensmittel jedoch einem arithmetischen Gesetz folgen; daß diese Umstände die Lebensverhältnisse der Armen immer hoffnungsloser gestalten; daß weiterhin die Mittel des Lebens schließlich nicht mehr hinreichen, es sei denn, daß Hungersnöte oder Kriege die Bevölkerung der Erde vermindern; daß von zu frühen und unbedachten Ehen abzuraten sei und daß die Menschen sich einer Selbstkontrolle ihrer Vermehrung befleißigen sollten.«

Als junger Wissenschaftler hatte ich freilich von Malthus gehört, und wir haben uns damals über seine These ein wenig erhoben. Er sprach davon, daß die Größe der Weltbevölkerung nach einer geometrischen Reihe anstiege – und das ist auch richtig. Er hat dagegengehalten, daß die Produktion der Nahrungsmittel nur nach einer arithmetischen Folge anstiege. Nun weiß jeder, der ein wenig Mathematik kann, daß eine geometrische Reihe, die auf Multiplikation beruht, sehr viel schneller wächst als eine arithmetische Reihe, die nur durch Addition zunimmt. So kommt es, daß nach einer bestimmten Anzahl von Gliedern, das heißt nach einer gewissen Zeit, eine geometrische Reihe jede arithmetische Reihe überholt. Darauf hatte Malthus seine berühmte Doktrin gegründet. Damals jedoch meinten wir, daß wir seine Doktrin entwerten könnten, weil er nämlich übersehen hätte, daß auch die Produktion von Nahrungsmitteln, Gütern und Energie ebenfalls nach einem geometrischen Gesetz wachsen kann. Somit glaubten wir, ihn widerlegt zu haben, und die Erfolge der fortschreitenden Wissenschaft und Technik gaben uns recht. Auch erinnere ich mich der Lektüre eines Buches – heute sind mir Titel und Verfasser entfallen –, in dem ein hinreißendes Argument zitiert war, das jedem Optimismus für die Zukunft der Menschheit Raum bot. Der Autor wies darauf hin, daß alle pessimistischen Prognosen für die Zukunft der Menschheit aus einem Grunde völlig schief lägen: Die Propheten in einem jeden Zeitalter würden immer von den Voraussetzungen ausgehen, die gerade zu ihrer Zeit bestünden. Der klassische Zukunftspessimist, Thomas Robert Malthus, sei mit seinen Prognosen völlig auf die Nase gefallen, weil er zu seiner Zeit die in der Zukunft liegende große Erfindung des künstlichen Düngers nicht voraussehen, nicht voraussagen und damit auch nicht berücksichtigen konnte. Es ist völlig richtig, daß der Haber-Bosch-Prozeß – die Bindung des Stickstoffs aus der Luft – zu Lebzeiten von Professor Malthus noch mehr als 100 Jahre in der Zukunft lag. Dadurch ist das gelungen, was Friedrich der Große einmal gesagt haben soll: »Die größte Tat des Menschen wird dereinst darin bestehen, daß auf meiner Hand, auf der heute ein Getreidehalm wächst, einmal zwei wachsen werden.« Der künstliche Dünger hat die Wunschvorstellung des preußischen Königs um das Fünf-, ja sogar um das Zehnfache übertroffen. So ist es zu verstehen, daß wir jungen Wissenschaftler der dreißiger und vierziger Jahre von der These des Professors Malthus nicht viel gehalten haben. In jenem Buch, von dem ich vorhin sprach und das mir damals sehr imponiert hat, stand noch folgendes zu lesen: »Die wissenschaftliche und technische Zukunft der Menschheit gleicht einem riesigen Korridor, der zahllose Türen zu immer neuen Räumen enthält.« Alles, was wir als Wissenschaftler und Ingenieure zu tun hätten, wäre, eben diese Türen zu immer neuen, immer größeren Möglichkeiten zu öffnen. Noch 1956 habe ich dieser Ansicht gehuldigt. Ich erinnere mich, daß ich in jenen Jahren für den großen amerikanischen Filmproduzenten, Walt Disney, einen wissenschaftlichen Film machte. Uns lag daran, mit diesem Film eben jene unbegrenzt erscheinende Potenz des menschlichen Geistes und seiner Fähigkeit darzustellen. Am Ende dieses Films raste eine der populären Disneyfiguren eben einen solchen unendlichen Gang entlang. Im Trickfilm ließ ich Donald Duck immer und immer wieder neue Türen aufreißen, die ihm und seinesgleichen, das heißt uns als Menschheit, völlig neue Möglichkeiten eröffneten. Heute, fast 20 Jahre später, bin ich wohl etwas älter und daher vielleicht auch in meinem Urteil etwas vorsichtiger geworden. Jene Szene in diesem Walt-Disney-Trickfilm würde ich heute nicht mehr gutheißen.

Bleiben wir noch beim künstlichen Dünger. Es ist ja bekannt, daß die Pflanzen für ihr Wachstum in jedem Jahr dem Boden gewisse Nährstoffe entziehen. Der Kreislauf der Natur bürgt dafür, daß diese Nährstoffe im Boden auch wieder ersetzt werden. Es dreht sich dabei vor allem um Nitrate und Phosphate, die in den Ausscheidungen der Tiere und Menschen enthalten sind. Der klassische Misthaufen und der berühmte landwirtschaftliche oder auch gartenbauliche Duft sind uns ja allen bekannt. Selbst als die Bauern alle diese Stoffe dem Boden wieder zurückgaben, hat das nicht ausgereicht, um ein Feld jedes Jahr zu bepflanzen und zu beernten. Schon seit Jahrhunderten gibt es die »Dreifelderwirtschaft«. Im ersten Jahr wurde das Feld mit Getreide besät; im zweiten Jahr wurde es als Weideland benutzt, und im dritten Jahr lag es brach. Dabei wurde es mit den damaligen Mitteln gedüngt, und man gab dem Boden eine Chance, sich zu erholen. Heute, da man die Chemie des Ackerbodens so gut zu kennen glaubt, ist man längst davon abgekommen. Die notwendigen Nitrate und Phosphate werden dem Boden in der Form von künstlichem Dünger wieder zugefügt. Die geradezu erstaunlichen Steigerungen der Erträge pro Hektar haben diesem Verfahren großen Ruhm eingebracht. Ein Großbauer oder ein Großfarmindustrieller von heute kann nur mit einem gewissen Lächeln auf seine Vorgänger herabblicken, die das Korn noch mit der Hand ausgesät und mit der Sense geerntet haben.

Heute ist die Großlandwirtschaft zu einer Industrie geworden. Sie verfügt über einen gewaltigen Maschinenpark, der die Quadratkilometer jedes Jahr bearbeitet, beerntet, allerdings auch beansprucht, so wie die Natur es sich ursprünglich nicht gedacht hatte. Mit dem Rechenschieber kann man kalkulieren, wieviel Kunstdünger pro Hektar erforderlich sind, um wenigstens den Ertrag des letzten Jahres wieder zu erreichen oder möglichst zu übertreffen. Damit freilich vergewaltigen wir den Ackerboden und machen ihn in seiner Struktur für die zarten Wurzeln der Nutzpflanzen immer ungeeigneter. Die schlimmste Folge der unbeschränkten Benutzung von künstlichem Dünger jedoch hatte niemand vorausgeahnt. Ein amerikanischer Ökologe hat jüngst einmal gesagt, daß die Agronomen der Welt dem Kunstdünger verfallen seien wie ein Süchtiger dem Heroin. Da sie damit in den letzten 10, 15 und 20 Jahren so viel Erfolg gehabt haben, gibt es für sie kein Argument, davon zu lassen. So werden jedes Jahr immer größere Mengen Kunstdünger über die Äcker der Welt geschüttet, obwohl man in der Zwischenzeit längst eingesehen hat, welche zerstörerischen Folgen das hat.

Es ist ja nicht so, daß der Kunstdünger auf einem Acker von den Wurzeln der Nutzpflanzen völlig aufgenommen und verarbeitet wird. Bis zu 40 Prozent, ja sogar bis über die Hälfte des Düngers werden fortgeschwemmt und mit den Bächen, Flüssen und Strömen weitergeleitet. Eine große Zahl von Flüssen der Welt mündet nicht unmittelbar ins Meer, sondern in kleinere und größere Inlandseen. Diese sind dann mit dem Wunderfruchtbarkeitsmittel überladen. Die urtümlichsten Pflanzen, nämlich die Algen, profitieren von dem phantastischen Nahrungsangebot. Den Algen ist es in der ganzen Geschichte unseres blauen Planeten noch nie so gut gegangen wie heute. Da sie von uns mit erheblichem industriellen Aufwand so großartig ernährt werden, machen sie sich entsprechend breit. Die meisten Flüsse und Süßwasserseen der Erde sind mit Algen so übervölkert, daß auch an dieser Stelle das goldene Gleichgewicht der Natur

Der englische Theologe, Historiker und Wirtschaftswissenschaftler Thomas Robert Malthus (1766–1834), der schon vor knapp eineinhalb Jahrhunderten voraussagte, daß die stets wachsende Weltbevölkerung den Naturschätzen einst davonlaufen müsse.

umgestürzt ist. Die Süßwasseralgen vermehren sich im Schein der Sommersonne und mit den von uns gelieferten Nahrungsmitteln des künstlichen Düngers so ungeheuer, wie es dem Maßstab der Natur schon lange nicht mehr entspricht. Wenn dann die Sonne im Herbst und im Winter weniger scheint, so müssen diese Algen sterben. Sie zersetzen sich dann, sie verfaulen, und diese Verwesungsprozesse verbrauchen einen großen Teil des Sauerstoffs in unseren Süßwasserseen. Davon freilich sind alle anderen Partner in diesem biologischen Gleichgewicht schwer betroffen. Ein solcher Süßwassersee verfault dann. Fischen, Wasserinsekten und anderen Wasserpflanzen wird die Lebensgrundlage entzogen. Der verfaulende

Algenschlamm bedeckt den Boden des Sees, der trübe und stinkend die Landschaft verunschönt. Bevor wir Menschen mit unserem gloriosen Kunstdünger diese Zerstörung angerichtet haben, gab es noch klare, frische Flüsse und herrliche blaue Seen.

Ein Süßwassersee ist – geologisch gesehen – ohnehin schon ein recht empfindliches Gebilde, das nur eine beschränkte Lebensdauer hat. Das wissen wir schon aus früheren Zeiten: Wenn stillstehende Wässer und Gräben mit Wasserpflanzen übervölkert werden, so zerstört das faulende und verwesende Pflanzenmaterial den Teich oder See, ja läßt ihn sogar austrocknen. In heißen Wüstengegenden schließlich verdunsten Seen, die von vorangegangenen Eiszeiten stammen. So war beispielsweise die Wüste der südwestlichen Vereinigten Staaten vor nicht allzu langer Zeit ein Riesensee, der unter Hinterlassung zahlreicher Salzpfannen mittlerweile verschwunden ist. Die Geologen hatten sogar einen Namen für den fast verschwundenen See: Lake Bonneville. Der große Salzsee von Utah ist der traurige Überrest dieses einst imponierenden großen Inlandsees.

Überhaupt ist der nordamerikanische Kontinent sehr reich an großen herrlichen Seen; viele dieser Schönheiten gehören jedoch schon der Vergangenheit an. Als die weißen Siedler nach Nordamerika kamen, haben sich viele von ihnen an den Ufern des Michigan-, des Huron-, des Oberen und des Eriesees niedergelassen. Jahrhundertelang haben sie in dem klaren Wasser alljährlich Tausende von Tonnen von Seefischen gefangen: Salmen, Makrelen und Seeforellen. In den letzten Jahren ist die Ökologie dieser Seen zusammengebrochen. Durch die Einschwemmung zahlloser Tonnen künstlichen Düngers und durch die rücksichtslose Verschmutzung durch Abwässer von den Großstädten sind diese einst so schönen Seen

mittlerweile zu Kloaken geworden. Besonders schlimm steht es mit dem viertkleinsten der großen Seen, dem Eriesee, da an seinem Ufer oder in seiner Nähe die Großstädte Buffalo, Detroit, Cleveland, Toledo und Erie liegen. Nicht nur ist die Fischereiindustrie dort praktisch schon zum Erliegen gekommen; das Wasser des Lake Erie ist so verschmutzt und mit Darmbakterien verseucht, daß man nicht mehr in ihm baden kann. Das ist ungeheuerlich, wenn man bedenkt, daß der Eriesee fast fünfzigmal größer ist als der Bodensee. Der Michigansee, an dessen Westufer Chicago liegt, ist in keinem sehr viel besseren Zustand, und dieser See übertrifft den Bodensee an Größe um das Hundertzehnfache. Gewiß, im Laufe der Jahrhunderttausende wären diese Seen auch gealtert, eben durch den Prozeß einer laufenden Beraubung an Sauerstoff im Wasser. Die Geologen haben dafür sogar einen Namen. Sie sprechen von der Eutrophierung eines Sees, die um so schneller voranschreitet, je weniger Wasserdurchsatz ein solcher See hat. Dieser natürliche Altersprozeß der großen Seen in Nordamerika ist in unserem Jahrhundert durch den Menschen sehr schnell gefördert worden. Man schätzt, daß der Eriesee in den letzten Jahrzehnten um etwa 15 000 Jahre gealtert ist. Die Forscher sind sehr im Zweifel, ob diese Schäden überhaupt wieder rückgängig gemacht werden können.

Ähnliche Zerstörungen beobachten wir auch bei den anderen großen Inlandseen unserer Erde, wie etwa bei den großen afrikanischen Seen, dem Aralsee und beim Kaspischen Meer. Dort scheint die Lage auch sehr kritisch zu sein. Selbst unsere großen europäischen Seen, wie der Bodensee und der Genfer See, sind lange nicht mehr das, was sie einmal waren. Nur wenige Seen, wie etwa der Titicacasee, leuchten noch in ihrer blauen, unberührten Schönheit.

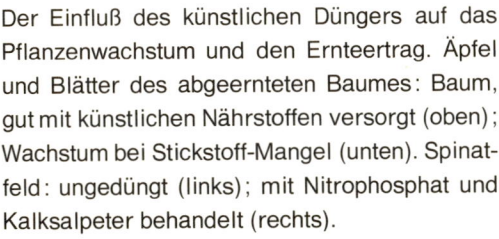

Der Einfluß des künstlichen Düngers auf das Pflanzenwachstum und den Ernteertrag. Äpfel und Blätter des abgeernteten Baumes: Baum, gut mit künstlichen Nährstoffen versorgt (oben); Wachstum bei Stickstoff-Mangel (unten). Spinatfeld: ungedüngt (links); mit Nitrophosphat und Kalksalpeter behandelt (rechts).

Das Sterben unserer Süßwasserseen verdanken wir also zu einem großen Teil den Kunstdüngern, da diese die Frischwasser der Erde – wie man auch sagt – zum »Blühen« bringen. Es ist dies – wie wir gesehen haben – eine Übervölkerung an Algen. Die Zerstörung dieser Naturschönheiten auf der Erde erscheint vielleicht als ein tragbarer Preis dafür, daß wir mit unseren künstlichen Düngern in den letzten 50 Jahren genügend Nahrungsmittel erzeugt haben, um einen großen Teil der Menschheit vor dem Verhungern zu bewahren. Es ist nämlich durchaus nur die eine Seite der Medaille, wenn man das Sterben dieser schönen großen Seen auf unserer Erde bitter beklagt und nicht daran denkt, daß Maßnahmen zu ihrer

Erhaltung vermutlich Millionen von Menschenleben gefordert hätten. Das ist die berühmte andere Seite der Medaille, die sich bei einem anderen, vielleicht sogar einem der größten Umweltschutzprobleme überhaupt in sehr eindringlicher Weise zeigt. Wir sprechen von einer langsam ansteigenden Vergiftung der Welt durch die verschiedenen Insektenvertilgungsmittel, vor allem des berühmten DDT.

Im Jahr 1939 hat der Schweizer Chemiker Paul Hermann Müller ein neuartiges synthetisches Insektenbekämpfungsmittel entdeckt. Sein voller Name ist – wie oft in diesen Fällen – ziemlich verwickelt: Dichlor-diphenyl-trichloräthan. Wie für alle anderen chemischen Zungenbrecher hat man dafür sehr bald eine einfache Abkürzung eingeführt: DDT. Ich erinnere mich noch gut, daß ich im Jahr 1945, während der ersten Besatzungsmonate, von einem amerikanischen Major ein Magazin geschenkt bekam, in dem von diesem Superläusepulver DDT berichtet worden war. DDT hat in der Tat die Eigenschaft, daß es auf Insekten fast ausschließlich spezifisch tödlich wirkt, wäh-

51

rend andere Lebewesen, vor allem wir selbst, darauf – so glaubte man damals – überhaupt nicht reagieren. In diesem Artikel stand zu lesen, daß die amerikanische Armee sich durch massive Anwendung von DDT bei ihrer Truppe praktisch von Läusen und den damit verbundenen Krankheiten befreit hatte. Auch machte man sich damals Hoffnungen, mit dem DDT eine der schlimmsten Geiseln der Menschheit, nämlich die Malaria, endgültig zu besiegen. Auf dem Kriegsschauplatz in der Südsee hatten die Amerikaner mit der Hilfe von DDT auf einer größeren Zahl von Inseln die Moskitos völlig ausgerottet. Das war freilich ein phantastischer Erfolg, den auch ich seinerzeit gebührend bestaunt hatte.

Nach dem Kriege, als die Produktion von DDT auch für den zivilen Verbrauch freigegeben wurde, griffen die amerikanischen Farmer gierig danach. Mit der Superspezialisierung ihrer Agrarprodukte hatten sie sich auch fast unlösbare Probleme der Schädlingsbekämpfung auf den Hals geladen. Entscheidende Fortschritte in den Erträgen der Großlandwirtschaft, die mit hochmechanisierten Mitteln betrieben wird, lassen sich nur in der Form von sogenannten Monokulturen erzielen. Es dreht sich dabei um Anpflanzungen von Weizen, Kartoffeln, Mais, Baumwolle, Tabak oder Orangen, die sich jeweils über Quadratkilometer weit erstrekken. Mit künstlichem Dünger werden diese Monokulturen dann zur Hochblüte gebracht. So etwas freilich ist eine Einladung zur Bevölkerungsexplosion von Schädlingen, die sich auf die eine oder andere Pflanze spezialisiert haben. Der Kartoffelkäfer war früher überhaupt kein Problem, so lange er Kartoffelpflanzen in der natürlichen Wildnis unter Tausenden von anderen Pflanzen mühsam suchen mußte. Als man ihm jedoch sein Lieblingsfutter quadratkilometerweise anbot, durfte man sich nicht

wundern, daß er sich daran gütlich tat und zu einer bedrohlichen Epidemie wurde. Noch vor dem Zweiten Weltkrieg hat die europäische Landwirtschaft den Kartoffel- oder Coloradokäfer bitter gefürchtet, obwohl er eigentlich ein ganz niedliches Tierchen ist und dem Marienkäfer ähnelt. Seit der Landwirtschaft DDT zur Verfügung steht, sind diese Sorgen vergessen. Ich erinnere mich nicht, daß in den letzten 30 Jahren ernsthaft irgendwo in den westlichen Ländern von einer erntebedrohenden Insektenpest die Rede war.

Das ist eigentlich ein phantastischer Erfolg, der mit diesen neuartigen Pflanzenschutzmitteln erzielt worden ist. Heute allerdings ist DDT der große Sünder der Umweltverschmutzung und ein Schandfleck in der jüngeren wissenschaftlichen Geschichte.

Die vorhin schon erwähnte Kehrseite der Medaille wurde der Weltöffentlichkeit fast in der Form einer Sensation übermittelt. Die kluge und literarisch sehr geschickte amerikanische Meeresbiologin Rachel Carson hatte sich in den fünfziger Jahren mit ihrem berühmten Buch über das Meer *The Sea Around Us* einen großen Namen gemacht. 1963 veröffentlichte sie ein Buch mit dem Titel *Silent Spring (Der Stumme Frühling)*. In diesem Werk hat Frau Carson Klage erhoben über die hemmungslose Verwendung von DDT in der ganzen Welt. Es ist zwar richtig, und das schrieb sie auch in ihrem Buch, daß DDT überaus spezifisch auf Insekten wirkt. Höhere Tiere jedoch, wie Fische, Vögel und kleinere Säugetiere, die sich als Insektenfresser spezialisiert haben, sind gefährdet. Da sie das Insektengift mit ihrer Nahrung selbst dauernd aufnehmen, staut es sich in ihrem Körper und gefährdet schließlich dann auch sie. Mit ihrem Titel *Silent Spring* hat Rachel Carson besonders ihrer Sorge Ausdruck geben wollen, daß die Population der Singvögel, die zumeist Insektenfresser sind, gefährdet sei. Die Argumente von Rachel Carson wurden von vielen von uns damals für etwas übertrieben gehalten, wenn heute auch manch einer bei ihr Abbitte leisten muß. Auch ich hielt damals die Gefahr, auf die Rachel Carson hinwies, für nicht ganz so bedrohlich, wie sie sie geschildert hatte.

Inzwischen sind einige Eigenschaften des DDT zum Vorschein gekommen, welche diesen für den Menschen so überaus segensreichen Wunderstoff nicht mehr ganz so hinreißend erscheinen lassen. Diese chlorbiologischen Verbindungen, zu denen DDT gehört, haben die unangenehme Eigenschaft, daß sie chemisch recht beständig sind. Ein Molekül dieses Giftstoffes, das im Zweiten Weltkrieg von einem amerikanischen Sanitätsgefreiten auf Guadalcanal versprüht worden ist, ist heute vermutlich noch da. Es dauert Jahrzehnte, ja vielleicht sogar Jahrhunderte, bis diese Stoffe sich zersetzen und unwirksam werden. Sodann haben sie die böse Eigenschaft, daß sie fettlöslich sind und sich im Körperfett der Tiere und auch des Menschen ablagern. Von einer bestimmten Konzentration an wird dann dieser Stoff auch für Lebewesen, die nicht Insekten sind, schädlich, ja sogar tödlich. Hinzu kommt, daß sich innerhalb einer Nahrungskette die Ansammlung dieses Giftes im Körperfett von Glied zu Glied fast verzehnfacht. Ein Mensch, der einen Fisch ißt, der sich seinerseits von DDT verseuchten Insekten und Pflanzen ernährt hat, baut die hundertfache Menge von DDT permanent in sein Körperfett ein. In einem Wald in Amerika, der nur ein einziges Mal gegen Baumschädlinge mit DDT besprüht worden war, gab es nach wenigen Jahren fast keine Spitzmäuse mehr. Bei den Vögeln scheint DDT eine Eigenschaft zu haben, die in die Erzeugung ihrer Eierschalen eingreift. In DDT verseuchten Gegenden legen Enten und andere Wasser-

vögel, die man untersucht hat, so dünnschalige Eier, daß sie diese während des Brütens zerdrücken und zertreten.

Rachel Carson hatte ihr Buch – wie der Titel schon sagte – mit einem Appell an das Gemüt geschrieben. Ich kann sie heute recht gut verstehen, denn der Frühling in meinem Wohnort in Tirol ist auch etwas stiller geworden. Drei Jahre lang hat in einer Ecke meines Hauses ein Rotschwänzchenpaar genistet. Seit dem letzten Jahr sind sie nicht wieder gekommen. Diese Zerstörung unserer Natur bereitet vielen Leuten ernsthafte Sorgen, vor allem auch Künstlern, denen es an den Werten des Gemütes liegt. So hat der bekannte Wiener Künstler Hundertwasser kürzlich ein Essay veröffentlicht, in dem er diese langsame Verrottung unserer Umwelt zutiefst bedauert. Ich kann ihm und Rachel Carson nur zustimmen.

Andererseits aber auch habe ich großes Verständnis für die Sorgen der indischen Regierungschefin Frau Indira Gandhi. Als man ihr kürzlich nahelegte, daß alle Länder beschlossen haben, wegen der Verseuchungsgefahr für die Umwelt im Verbrauch von Pflanzenschutzmitteln zurückhaltender zu sein, hat sie auf ihr Problem hingewiesen: Millionen von Menschen in Indien, die zu verhungern drohen. Da die westlichen Länder in den letzten 30 Jahren sich im Gebrauch von DDT auch keine Schranken auferlegt hätten, empfände sie es als sehr schwierig, ihren Landwirtschaftsexperten die Vorzüge dieser an sich großartigen Erfindung nunmehr zu versagen.

Mir fällt es schwer, bei diesen Argumenten Partei zu ergreifen. Herr Hundertwasser hat bei seiner Klage vielleicht nicht an die hungernden Menschen in Indien gedacht; trotzdem empfinde ich für sein Argument Sympathie. Andererseits kann ich auch Frau Gandhi verstehen, der die Millionen von hungernden Landsleuten bestimmt schon oft den Schlaf geraubt haben. Niemand kann ihr übelnehmen, wenn es ihr egal ist, daß die Rotschwänzchen nicht mehr bei mir brüten und die Enten und Kraniche in Nordamerika ihre Eier zertreten. Frau Gandhi hat nur wieder die Wahrheit eines alten Sprichwortes bestätigt: Keine Rosen ohne Dornen.

Für uns Wissenschaftler bleibt eigentlich nur eines. DDT ist eben doch nicht so gut, wie wir uns vor 30 Jahren eingebildet hatten. Wir müssen uns etwas einfallen lassen, der Pflanzenschädlinge Herr zu werden, ohne das Gleichgewicht der Weltbiologie anzustoßen und unseren blauen Planeten zu vergiften.

Die künstlichen Düngemittel und die chemischen Pflanzenschutzmittel sind die beiden wichtigsten Pfeiler, auf denen die Ernährungsplattform unserer heute schon so riesig großen Weltbevölkerung ruht. Ohne Kunstdünger könnten wir nur einen Bruchteil der Ernten in jedem Jahr erzeugen, welche wenigstens über 99 Prozent der Menschheit alljährlich vor dem Hungertod bewahren. Aber auch ohne eine überaus wirkungsvolle Schädlingskontrolle stünden wir vor einer Katastrophe. Schon so, wie die Bedingungen heute sind, fällt ein erheblicher Teil der Nahrungsvorräte der Welt jedes Jahr Insekten, Nagetieren, Schimmelpilzen und Fäulnisbazillen zum Opfer. Wir haben viele futterneidische Konkurrenten hier auf unserer Erde, deren wir uns erwehren müssen. Jede Hausfrau, wenn sie ehrlich ist, wird zugeben müssen, daß sie vielleicht im Schnitt bis zu 20 Prozent der Nahrungsmittel in ihrer Küche wegwerfen muß, weil sie verdorben sind. Ähnliche Verluste entstehen freilich auch in der Versorgungskette vom Erzeuger bis zum Haushalt.

Wer also die moderne Technik verflucht, erweist sich eigentlich als ein ignoranter

Die Wirkung von Pflanzenschutzmitteln auf die Erhaltung von landwirtschaftlichen Erträgen, links behandelt, rechts unbehandelt: Der Flugbrand des Weizens wird durch Beizen bekämpft; Tomaten werden gegen die Kraut- und Braunfäule mit Kupfermitteln gespritzt.

Schwärmer; denn ohne diese Technik wäre es dem Menschen niemals gelungen, seine Bevölkerungszahl straflos so gewaltig in die Höhe zu treiben. Es war auch zu Beginn des technischen Zeitalters, als jene Bevölkerungsexplosion, die uns heute so viel Kummer macht, einsetzte. Würde der Mensch immer noch als Sammler und Kleinjäger existieren oder als Bauer mit dem Jauchefaß sein Feld düngen, so müßte der Großteil der heutigen Menschheit verhungern. Auch die Technik – und das dringt heute langsam auch ins Bewußtsein eines jeden – ist keine Rose ohne Dornen. Die riesige Produktion von Konsumgütern, von Energie, von Transportleistungen und von Ernteerträgen erzeugt nach dem Energieprinzip einen großen Abfall, dessen wir heute nicht mehr so recht Herr werden. Es dreht sich dabei gar nicht so sehr um die immer größer werdenden Schutthalden und Autofriedhöfe, obwohl diese durch die teuflische Erfindung der Kunststoffe immer problematischer werden. In Norddeutschland heißen die Mülleimer heute noch Ascheimer, weil nämlich noch vor hundert Jahren der einzige Abfall eines Haushalts aus Asche bestand. Gelegentlich befanden sich darunter auch eine zerbrochene Tasse oder einige Glasscherben. Jeder andere Abfall konnte ohne jeden größeren Ärger in jedem Haushalt im Ofen verbrannt werden, so daß die Müllabfuhr nur noch die Asche abzuholen hatte. Haben Sie schon einmal versucht, eine Plastikflasche zu verbrennen? Der Gestank wird Sie daran hindern, das jemals wieder zu versuchen, und so landet eben die Plastikflasche, wenn sie nicht mehr gebraucht wird, im Mülleimer. Wenn diese nun nicht in einer wissenschaftlich genau überwachten Verbrennungsanlage sorgfältig vernichtet wird, so wird sie noch nach Hunderten von Jahren dort, wo man sie auf der Schutthalde weggeworfen hat, zu finden sein.

Der Abfall der Menschheit in den vergangenen Jahrhunderten hatte den großen Vorteil, daß er wieder in den organischen Kreislauf des Lebens auf unserer Erde zurückkehrte. Asche ist sogar ein recht guter Dünger, ganz zu schweigen von den Ausscheidungen der Menschen und Tiere. Mit Plastiktüten, die wir jede Woche fast zu Dutzenden nach Hause tragen, kann man freilich keinen Akker düngen. Besonders bedrohlich ist zudem der Umstand, daß diese Abfallprodukte unserer modernen Industrie einfach giftig sind. Noch vor nicht allzu langer Zeit hat man die Elemente, aus denen der Lebensstoff, das heißt auch unsere eigenen Körper bestehen, an der Hand abzählen können: Kohlenstoff, Wasserstoff, Sauerstoff, Stickstoff, Phosphor, Kalzium. In der Zwischenzeit hat man herausgefunden, daß eine große Zahl von sogenannten Spurenelementen für einen gesunden Organismus außerordentlich wichtig sind. Vielfach sind diese Spurenelemente Metalle. So wissen wir zum Beispiel, daß der für das Leben unersetzliche Blutfarbstoff, das Hämoglobin, Eisen enthält. Blutarme Menschen erhalten deswegen Eisenpräparate. Bei Pflanzen ist das Herzstück des grünen Chlorophyllmoleküls ein von vier Stickstoffatomen eingefaßtes Magnesiumatom. Nun ist es in der Biochemie aber immer so, daß Stoffe, die auf den Organismus entscheidend wirken und für ihn oft erforderlich sind, bei Überangebot auch giftig sein können. Bestimmte Metalle, in winzigen Mengen dem menschlichen Körper zugeführt, sind tödliche Gifte. Das klassische Gift, das die Mörderinnen schon seit Jahrhunderten ihren Opfern in die Suppe mischten, ist ja ein solches Metall: Arsen. Aber auch andere Metalle, denen man es lange Zeit nicht angesehen hat, sind höchst gefährliche Gifte, selbst wenn sie nur in winzigen Spuren vom Körper aufgenommen werden. Zu diesen giftigen Metallen gehören in erster Linie Quecksilber, Kadmium, Thallium und Blei.

Was diese Metallspuren so gefährlich macht, ist wiederum – ähnlich wie beim DDT – ihre Eigenschaft, daß sie sich im Körper der Lebewesen ansammeln und nur langsam wieder ausgeschieden werden. Metallvergiftungserscheinungen sind deswegen so hinterlistig, weil man die Ursache, selbst wenn sie bekannt ist, nicht so leicht beseitigen kann. Unsere moderne Industrie, die ja auf zahllosen chemischen Prozessen fußt, macht fast von allen Elementen Gebrauch. Bei den Fabrikationsprozessen kommt es dann immer zu Abfällen, wobei eben auch Spuren dieser giftigen Metalle, vor allem Quecksilber und Blei, in die Umwelt ausgeschüttet werden. Mikrochemische Untersuchungen von Fischen, Muscheln und Schalentieren, vor allen Dingen in der Fischereiindustrie Japans und Amerikas, haben gefährliche Mengen von Quecksilber, Kadmium und Thallium in den für menschliche Nahrung bestimmten Fischen und anderen Meerestieren gezeigt. Fast alle diese giftigen Metalle waren in der bisherigen Geschichte der Menschheit sicher in den Erzen, meist sogar als harmlose Oxide, aufbewahrt. Erst der technische Mensch hat sie befreit und verstreut sie in zwar geringen, aber doch eben gefährlichen Spurenmengen über die ganze Welt. Der gesamten Biosphäre droht eine Metallvergiftung, gegen die weder Pflanzen noch Tiere noch Menschen gewappnet sind.

Ohne die Hilfsmittel unserer Technik wäre eine großer Teil von uns Menschen schon längst verhungert. Unsere Superindustrie, unsere Superlandwirtschaft, unsere Super-Transportsysteme und unsere weltweiten miteinander verflochtenen Wirtschaften haben es möglich gemacht, daß wir uns überhaupt so stark vermehren konnten. Gemessen an den natürlichen Abläufen und nach den klassischen Naturgesetzen unseres Planeten, hätte sich unsere Zahl überhaupt nicht so stark steigern dürfen. Gleichzeitig ist es aber auch der Fluch unserer modernen Technik, daß sie die delikate Chemie des Lebens auf unserem blauen Planeten in Unordnung bringt. Ja, es ist sogar so, daß – wenigstens für die Menschheit und das übrige Leben – unsere planetare Wohnstätte langsam vergiftet und für uns als kosmische Heimat untauglich wird. Aus diesen Überlegungen ergeben sich eine Reihe von unabdingbaren Konsequenzen. Es ist unmöglich, daß wir zu der Idylle der Spätrenaissance zurückkehren, in der es noch keine Großindustrie, keine Eisenbahn, keine Automobile, keine Traktoren und keine Mähdrescher gab. Wir brauchen künstlichen Dünger und Insektenvertilgungsmittel, um jedes Jahr wieder neue Rekordernten einheimsen zu können. Wenn wir heute noch aus dem Sack heraus säen, mit dem Jauchefaß düngen und die Schädlingsinsekten mit der Hand einsammeln würden, wären die Millionen von Tonnen Nahrungsmittel, die wir für die Ernährung der übervölkerten Erde benötigen, nicht zu produzieren. Die Aufgaben, die sich daraus ergeben, liegen auf der Hand. Unsere Generation von Wissenschaftlern hat sie wohl schon erkannt: Wir brauchen eine ungiftige Großindustrie und Superlandwirtschaft. Die junge Generation, die uns wegen der Umweltverschmutzung vielfach anklagt, muß dieses Problem im richtigen Maßstab sehen. Im Moment nützt es wenig, über die Zerstörung unserer Umwelt Klage zu führen, wenn als Alternative jährlich 20, 30 oder 50 Millionen Menschen zusätzlich Hungers sterben müßten. Der Fortbestand der Menschheit hängt davon ab, daß es uns bald gelingt, eine ungiftige, aber ebenso wirkungsvolle Technik zu entwickeln.

6 Das kostbare Luftmeer

Zu meinem 16. Geburtstag, zu der Zeit, als ich mich für Astronomie zu interessieren begann, wünschte ich mir ein Hochglanzfoto des damals mit Abstand größten Spiegelteleskops der Welt. Es war dies der berühmte Hundertzöller – ein Teleskop mit einem Hohlspiegel von $2^1/_2$ Meter Durchmesser, mit dem kurz nach seiner Indienststellung im Jahr 1917 auf der Mount-Wilson-Sternwarte in Kalifornien eine der entscheidendsten Entdeckungen in der Astronomie gemacht worden war. Mit der Lichtstärke dieses gewaltigen Teleskops, unter dem kristallklaren Himmel Kaliforniens, gelang zum ersten Mal der Nachweis, daß die berühmten Spiralnebel in Wahrheit Milchstraßen sind, unseren eigenen an Größe und im Range gleich. Einer der größten dieser Spiralnebel nämlich, der berühmte »Andromeda-Nebel«, wurde von dem Hundertzöller auf gestochen scharfen Himmelsfotos in einzelne Sterne aufgelöst. Im Laufe der frühen zwanziger Jahre schließlich gelang es den amerikanischen Astronomen Edwin Hubble und Milton Humason, mit dem gleichen Fernrohr die Expansion des Weltalls zu entdecken. Aus diesem Grunde war die Mount-Wilson-Sternwarte für alle Astronomen der damaligen Zeit ein Mekka, vor allem auch deshalb, weil die Carnegie Institution, welche das Teleskop finanziert hatte, mit der Stiftung eine großzügige Bedingung verknüpft hatte. Jeder Astronom der Welt, der ein aussichtsreiches Forschungsprojekt vorschlagen konnte, wurde

zur Benutzung des Instruments eingeladen. Er mußte nur nachweisen, daß die sehr viel kleineren Teleskope der übrigen Welt für die Lösung des Problems ungeeignet waren. Das Terminkomitee des Mount-Wilson-Observatoriums konnte seinen Kalender auf Jahre in die Zukunft hinaus getrost vollpacken. Das hinreißende Klima Südkaliforniens sorgte dafür, daß der nächtliche Himmel an mehr als 350 Tagen im Jahr kristallklar war. So hatte ich als Teenager bereits davon geträumt, auch einmal am Hundertzöller beobachten zu dürfen, und das Wort »Südkalifornien« hatte für mich deshalb seit je einen zauberhaften Klang. Es sollte allerdings noch ziemlich genau 20 Jahre dauern, bis ich das Riesenteleskop, dessen Bild bis zum Kriegsende in meinem Schlafzimmer hing, in natura besuchen und besichtigen konnte. Mein Interesse an der Astronomie hatte sich freilich nach meiner Habilitation in eine andere Richtung gewandt – nämlich zur Weltraumfahrt. Auf diesem Gebiet gibt es für den Hundertzöller keine Aufgaben. So habe ich dieses berühmte Teleskop nicht wie in meinen Teenagerträumen als beobachtender Astronom, sondern nur als Gast unter der Führung des großen deutschen Astronomen Walter Baade besichtigt. Walter Baade war schon Ende der zwanziger Jahre nach Kalifornien ausgewandert und hat auch den ganzen Krieg dort verbracht. Er beklagte sich bitter, daß es die großartige Sicht während der kriegsbedingten Verdunkelung von Los Angeles nun, im

Jahr 1948, nicht mehr gab. Deshalb sei man ja mit dem neuesten und nunmehr größten Teleskop, dem Fünfmeterspiegel, auf den Mount Palomar, 200 Kilometer südöstlich von Los Angeles, ausgewichen. Es war also nur das Licht, das die Astronomen damals vom Mount Wilson in der Nähe der Los-Angeles-Vorstadt Pasadena vertrieben hatte.

Knicke im vertikalen Temperaturverlauf (Inversionen) führen zu ausgeprägten Grenzschichten, an denen vertikale Luftbewegungen zum Stillstand kommen. Solche Inversionen bilden sich über Großstädten in Höhen zwischen 1500 und 2000 Meter, so daß die industrieverschmutzte Luft nicht entweichen kann.

Von dem berühmten Los-Angeles-Smog hatte man damals noch wenig gehört, mit Ausnahme der Tatsache, daß die Angelinos diesen Ausdruck kürzlich gerade geprägt hatten. Es ist eine Verbindung der beiden englischen Worte *smoke* (Rauch) und *fog* (Nebel). In jenen Jahren nämlich begann in der damals schon autoreichsten Stadt der Welt die erste Dunstglocke ihr graues übelriechendes Tuch auszubreiten. Als ich dann 1951 nach Südkalifornien übersiedelte, erlebte ich gerade noch die letzten Jahre des gesegneten Klimas dieser Gegend. Auch hätte ich nicht geglaubt, daß der Mensch mit den Wirkungen seiner Technik unserer Atmosphäre mit ihren machtvollen Kräften ihres Bestandes jemals etwas anhaben

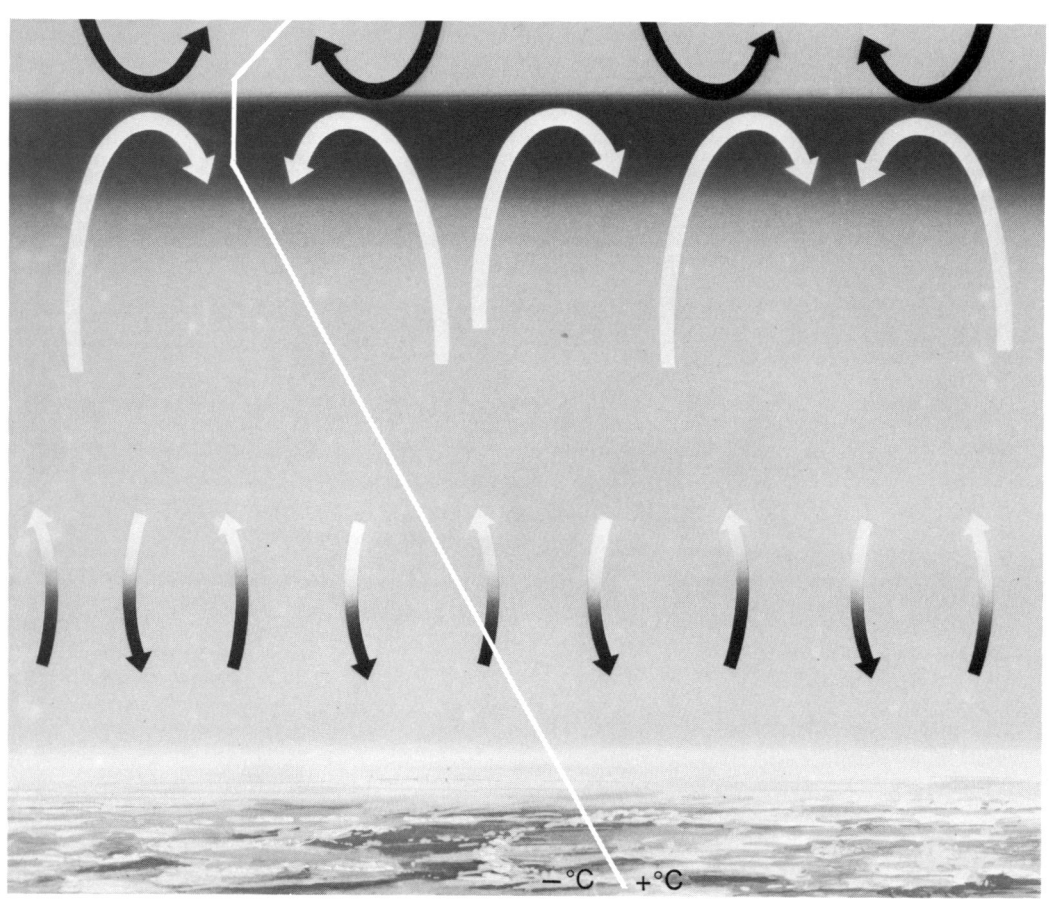

könne. In den fünfziger Jahren habe ich dann selbst erlebt, wie ihr – zumindest über dem relativ großen Bereich von Südkalifornien, etwa so groß wie die Bundesrepublik Deutschland – ein ernsthafter Schaden zugefügt worden ist. Unser kostbares Luftmeer, das ich für sehr mächtig hielt, erwies sich dann doch als recht empfindlich und verwundbar.

Gewiß, von den drei hauptsächlichsten Schalen der Erde, nämlich der Gesteinsphäre, der Wassersphäre und der Luftsphäre, ist die letzte mit Abstand die leichteste. Dennoch aber ist sie, in menschlichen Maßstäben gemessen, von einer gewaltigen Mächtigkeit. Unsere Erde selbst ist nämlich ein recht dicker Klotz. Aus sechs Trilliarden Tonnen Gestein und Metall ist sie zu einer riesigen Kugel zusammengeballt, wobei das Material der Erde dichter ist als die anderen Materialien, aus denen sich die übrigen Planeten aufbauen. Im Schnitt wiegt ein Kubikmeter des Erdmaterials mehr als $5\frac{1}{2}$ Tonnen; das Material, aus dem der Mond sich zusammensetzt, ist im Schnitt um 40 Prozent leichter. In der Hauptsache besteht die Erdmasse aus den chemischen Elementen Sauerstoff, Silizium, Magnesium, Eisen und Schwefel. Aus diesen Stoffen bilden sich Gesteine und plastische Massen, aus denen sich die Erdkruste und der Erdmantel zusammensetzen. Der Mantel selbst erstreckt sich halb bis zum Erdmittelpunkt hinab. Im Erdkern vermutet man einen dichten Ball aus Eisen und Nickel. Die Erde ist nicht nur der dichteste, sondern auch der massenreichste unter den inneren Planeten, während die Riesenplaneten in den äußeren Bezirken unseres Sonnensystems – Jupiter, Saturn, Uranus und Neptun – sehr viel größer sind.

Die Erde besitzt zwei dünne Schalen aus Flüssigkeiten und Gasen, die sehr viel leichter sind als die Erdkugel selbst. Viertausendmal weniger, etwa 1,4 Trillionen Tonnen, wiegen die Massen des Weltmeeres. Wiederum mehr als 250mal weniger, nämlich etwa 5,3 Billiarden Tonnen, wiegt der Luftmantel der Erde. Das ist weniger als ein Millionstel der gesamten Erdmasse. Für das Leben jedoch und vor allem für uns Menschen ist dieses Millionstel der Erdmasse von ganz entscheidender Bedeutung. Aus ihm nämlich setzt sich das zusammen, was wir mit Recht unser kostbares Luftmeer nennen können.

Eben weil die Atmosphäre fast dreihundertmal leichter ist als das Weltmeer und mehr als eine Million Mal leichter als der Erdkörper, hat sie in ihrer Geschichte die meisten Veränderungen erlebt. Seitdem sich der Erdkörper selbst aus dem kosmischen Material gebildet hatte, sind ihm praktisch keine Änderungen in seiner chemischen Zusammensetzung widerfahren. Das Weltmeer bestand immer schon aus Wasser, wenn auch sein Salzgehalt in den letzten ein bis zwei Milliarden Jahren zugenommen haben muß. Die flüchtige Atmosphäre jedoch hat sich im Laufe ihrer Geschichte schon mehrfach umgewandelt, und nur so können wir verstehen, daß sie die verwundbarste Sphäre unseres blauen Planeten ist.

Hätten wir unsere Atmosphäre vor etwa drei Milliarden Jahren geatmet, so wären wir innerhalb weniger Minuten hustend erstickt. Sie bestand damals noch neben dem Stickstoff zu einem großen Teil aus Kohlendioxid und Methan, das heißt Sumpfgas. Kaum eine Spur von Sauerstoff war in der Atmosphäre vorhanden. Im ersten Kapitel haben wir von dem goldenen Gleichgewicht gesprochen, welches unsere heutige Atmosphäre schließlich geschaffen hat und auch noch erhält. Methan ist fast völlig und Kohlendioxid bis auf einen Bruchteil seines ursprünglichen Gehalts durch die Pflanzen beseitigt worden. Eine typische Probe unserer Atmosphäre – etwa vor 100 Jahren vor der technischen Verseuchung entnommen – zeigt als die wichtigsten Bestandteile Stickstoff, Sauerstoff, Wasserdampf, Argon und Kohlendioxid. Wenn man die obere Atmosphäre in Höhen über 25 Kilometer noch dazu nimmt, so gibt es auch noch einen winzigen Bruchteil von Ozon, das heißt Moleküle, zusammengesetzt aus drei, statt aus zwei Sauerstoffatomen. Hinzu kommen noch winzige Zusätze von Wasserstoff sowic Hclium und andere Edelgase. Abgesehen vom Ozon, das in unserem Lebensbereich in natürlicher Form praktisch nicht vorkommt, sind die Gase der irdischen Atmosphäre nicht nur völlig ungiftig, sondern in ihrer relativen Häufigkeit für das Leben sogar entscheidend wichtig. Aus diesem Grunde hat es ja mit dem Leben auf unserer Erde innerhalb der Atmosphäre und in den von der Atmosphäre beeinflußten Bereichen des Weltmeeres einige Milliarden Jahre lang so gut geklappt. Gase haben freilich die teuflische Eigenschaft, daß sie sich innerhalb kurzer Zeit ausbreiten. Wenn in der Küche die Milch anbrennt, so riecht man das sehr schnell in der ganzen Wohnung. Hinzu kommt, daß fast alle anderen chemischen Stoffe entweder in der Form von Gas oder als Aerosol giftig oder zumindest gesundheitsschädlich sind. Unter Aerosol versteht man Fremdstoffe, die der Luft entweder in Form von winzigen Tröpfchen oder festen Staubteilchen beigemischt sind.

Stickstoff ist das einzige biologisch wohl völlig unschädliche Gas. Sauerstoff benötigen Menschen und Tiere in einem engen Bereich des Angebots. Schon die doppelte der Atmosphäre entsprechende Menge ist gesundheitsschädlich. Kohlendioxid ist für Pflanzen auch in größeren Mengen unschädlich – für uns Menschen darf die Konzentration von Kohlendioxid in der Atemluft wenige Prozent nicht überschreiten, wenn quä-

lende Erstickungserscheinungen vermieden werden sollen. Auch alle anderen chemischen Stoffe in unserer Atemluft sind schädlich – von den Edelgasen, Helium, Neon, Argon, Krypton und Xenon abgesehen, da sie chemisch völlig unwirksam sind. Diese können wir selbst in hohen Prozentsätzen lediglich als Ballast durch unsere Lungen pumpen, ohne Schaden zu nehmen.

Die Verwundbarkeit unserer Atmosphäre, gemessen an den Maßstäben der Gesundheit und des Wohlbefindens des Menschen, besteht eben darin, daß selbst winzige Prozentsätze, ja sogar millionstel Anteile von Fremdgasen und Aerosolen unmittelbar oder auf die Dauer gesundheitsschädlich sind. Nur so ist es zu verstehen, daß einige tausend Tonnen von verschmutzenden Chemikalien, selbst wenn man sie mit Billionen von Tonnen Luft vermischt, die Atmosphäre als eine der wichtigsten Faktoren der Umwelt anschlagen, ja sogar entscheidend gefährden können.

An dieser Stelle möchte ich noch einmal von Los Angeles sprechen, nicht nur, weil ich dort viele Jahre gewohnt habe, sondern weil die Geschichte des Los-Angeles-Smogs das Problem der Luftverschmutzung am besten zeigt. Auch wird an diesem Beispiel klar, wie schwer dieser ganze Komplex zu erkennen, geschweige denn zu beherrschen ist.

Als ich 1951 ein Einwohner dieser Stadt wurde, stand auch in der Ecke meines Gartens noch ein gräßliches Ungetüm von einem Verbrennungsofen. Diese *Incinerators,* wie sie genannt wurden, waren etwa $1^1/_2$ Meter hoch und aus Zementplatten roh zusammengefügt. Unten war ein Verbrennungsraum und oben ein ziemlich breiter Schornstein. Dort verbrannten die damals bereits auf fast vier Millionen angewachsenen Angelinos ihren Müll, da die Müllabfuhr nur Flaschen und leere Dosen abholte. Man kann sich vorstellen, was durch die

Verbrennung von Papier, Pappe, Textilien, Schuhen und Plastikmaterial alltäglich für ein Gestank entstand. Die erste Maßnahme der Großstadtbehörden damals war, die Verbrennungen dieses Materials auf die Abendstunden zu beschränken. Der Erfolg war, daß es abends um so schlimmer stank. Endlich war es so weit, daß Zug um Zug jeder Stadtteil mit einer Müllabfuhr bedient werden konnte, wobei jegliche Verbrennung in den Hinterhöfen streng verboten wurde. Seit jener Zeit ist jede Hausfrau in Los Angeles darauf gedrillt, ihren Müll fein säuberlich zu sortieren. Brennbarer Müll kommt in eine, und nicht verbrennbarer Müll, wie Glas und Dosen, kommt in die andere Tonne. In den Jahren bis 1953 hat diese heroische Maßnahme den Himmel in der Tat für knapp ein Jahr wieder blau gemacht. Der widerliche Rauch und der *Smoke*anteil des Wortes Smog waren damit in der Tat zur Freude der Angelinos stark reduziert. In den nächsten vier bis fünf Jahren jedoch hat sich der Smog wieder sehr stark vermehrt, obwohl dieses immer stärker werdende Ärgernis weder mit *smoke* noch mit *fog* etwas zu tun hat. In den Morgenstunden war es immer noch relativ klar. Jedoch bereits ab zehn Uhr, nachdem die drei Millionen Automobile der Stadt ihre im Schnitt 20 Kilometer Weg zum Büro zurückgelegt hatten, wurde es trübe. Ein weißlicher Dunst bildete sich über der Stadt, der die Sicht auf knapp einen Kilometer herabsetzte und im Stadtinnern die Augen der Angelinos zum Tränen und ihre Kehlen zum Husten brachte. Auch stellte man fest, daß die berühmten Apfelsinenbäume Südkaliforniens ihr Laub verloren und nicht mehr blühen wollten. Die Lebensdauer der Automobilreifen in Los Angeles war auf knapp die Hälfte reduziert. Die Anfälligkeit der Bevölkerung für Erkrankungen der Atemwege und sogar für Krebs stiegen steil in

die Höhe – kurz, die ehedem so zauberhafte Landschaft Südkaliforniens mit ihrem weltberühmten Klima verlor ihren Charme.
Ingenieure, Chemiker und Meteorologen hatten inzwischen die verwickelten Details der Smogbildung in Los Angeles erforscht. Daß es an den Auspuffgasen der immer steigenden Zahl von Autos liegen mußte, war jedem Bürger klar, obwohl er dabei in typisch menschlicher Weise mehr an die Autos seiner vielen Nachbarn dachte, als an sein eigenes. Auspuffgase enthalten neben Kohlendioxid und Ruß einen erheblichen Anteil an komplizierteren bösen Chemikalien, die durch den Verbrennungsprozeß im Zylinder nicht völlig vernichtet werden, ja sogar erst entstehen. Der berühmte Sonnenschein Kaliforniens tat dann sein übriges. Die vielen Autos mit ihren Tausenden von Tonnen unverbrannter Chemie in ihrem Auspuff haben die Luft zu immerhin einem Millionstel ihrer Gesamtmasse angereichert. Die Oxide des Stickstoffs, welche auch mittel- und kurzwelliges Licht absorbieren, führen dann zur Erzeugung von freien Sauerstoffatomen. Diese chemisch extrem aktiven Atome schließlich erzeugen Giftstoffe, wie das augenreizende Formaldehyd und vor allem Ozon, das das Gummi der Autoreifen und die Atemwege des Menschen angreift. Durch einen verständlichen Irrtum eines Bioklimatologen in den zwanziger Jahren ist in der Öffentlichkeit die völlig falsche Vorstellung entstanden, daß ozonreiche Luft besonders gesund sei. In Wahrheit ist Ozon, selbst in geringer Konzentration, wegen seiner enormen Oxidationsfähigkeit für Mensch, Tier und Material ein gefährliches Giftgas.
Was die Lage in Südkalifornien noch besonders kritisch machte, war seine einzigartige Geographie. Dort haben wir Küsten von subtropischer Schönheit, in nicht weiter Ferne umringt von Hochgebirgen. Die An-

Vergleich zwischen natürlicher und künstlicher Luftverschmutzung: vulkanische Dämpfe und Industrieabgase.

gelinos haben sich ja oft damit gebrüstet, daß nur sie am gleichen Tage im Hochgebirge Skilaufen und an einem sonnendurchwärmten Strand im Meer baden könnten. Ich erinnere mich, daß ich das Anfang der fünfziger Jahre selbst einmal getan habe, nur um diese Behauptung, die ein bißchen nach Aufschneiderei klingt, zu beweisen. In den Morgenstunden liefen wir bei einer Temperatur von knapp unter Null auf dem Mount Baldy im frisch gefallenen Pulverschnee Ski; eine dreistündige Fahrt brachte uns dann zu dem knapp 200 Kilometer entfernten Strand von Santa Monica, wo an einem subtropischen Januartag die Lufttemperatur fast 30 und die Wassertemperatur fast 20 Grad betrugen. Das sind Winter- beziehungsweise Sommersaisonwerte für Europa.

Die Geographie des Südlandes – *Southland,* wie wir dort sagen – hat allerdings den Nachteil, daß Luftmassen sich bei den meist anlandigen Winden in den Mulden und Tälern vor den hohen Bergen stauen. Zudem herrschen dort fast immer Bedingungen von

Hochdruckgebieten, so daß die Luftbewegungen in horizontaler Richtung ohnehin nicht besonders groß sind. Auch in vertikaler Richtung werden die Luftbewegungen unterdrückt, da in einer Höhe von etwa 1200 bis 2000 Meter durch die Landschaft und das allgemeine Klima ein Temperatursprung begünstigt wird: Es entsteht eine sogenannte Temperatur-Inversion. Knapp über dieser Grenzschicht ist die Luft wärmer als sie eigentlich sein sollte, so daß nach den Gesetzen der Physik vertikale Luftbewegungen an dieser Grenzschicht unterdrückt werden. Die Luft über ganz Südkalifornien sitzt dann wie unter einem Deckel, und derselbe Dreck und die ganze Chemie der dort konzentrierten Menschheit haben dann Gele-

genheit, sich tage-, ja sogar wochenlang anzusammeln. Durch diese teuflische Einrichtung in der Dynamik unserer Atmosphäre wird unser Luftmeer daran gehindert, die natürlichen Kräfte, die ihm zur Selbstreinigung zur Verfügung stehen, auszunutzen. Es gibt dann fast keinerlei Luftbewegungen, um die faule Luft über wenigstens größere Gebiete zu zerstreuen, noch gibt es Niederschläge, welche die giftigen Gase und das lästige Aerosol einfangen und herabregnen könnten. Jetzt können wir begreifen – und das hatten wir vorhin schon angedeutet –, wieso ein paar tausend Tonnen Chemie ein paar Milliarden Tonnen reine Luft so verderben können, daß sie sich für uns kaum mehr zum Atmen eignet.

Eine Zeitlang hielt man die Luftpest von Südkalifornien für eine spezifische Infamie der Zivilisation, des Klimas und der Geographie von Los Angeles. Inzwischen hat sich gezeigt, daß das Zusammenwirken zwischen den Kräften der Klimatologie und der Zivilisation des Menschen, zusammen mit seiner Chemie, schlechte Folgen hat. Die Besonderheiten Südkaliforniens haben die Symptome dort nur früher offenbar werden lassen als an allen anderen Stellen. Wenn man vor 15 Jahren noch von Europa nach Amerika flog, so wurde man von einer klaren Küste willkommen geheißen, an der die saubere weiße Brandung des Atlantiks sich brach. Heute kündigt einem schon 500, ja sogar fast 1000 Kilometer vor der Küste liegender Dunst die Annäherung an den amerikanischen Kontinent an. Die Dunstglocken von Boston, New York, Philadelphia und Washington, von Detroit, Chicago, Montreal und Cleveland sind schon fast zusammengeschmolzen. Ein grauweißlicher, im Sonnenlicht blendender und optisch undurchdringlicher Dunst verbirgt die Wunder eines einst so klaren Kontinents.

Weil sich über dem Becken von Los Angeles immer schon aus natürlichen Gründen leicht eine Temperatur-Inversion ausbildete, glaubte man, daß diese besonders ungünstigen Smogbedingungen nur in solchen Gegenden auftreten könnten. Leider ist das nicht der Fall. Die Aerosole nämlich haben die Eigenschaft, auch in solchen Gegenden der Welt, wo Inversionen seltener sind, diese zu erzeugen. Die in der Luft gelösten Chemikalien und Schmutzteilchen haben die Eigenschaft, Wärme nach oben abzustrahlen und dadurch die Luftschichten in der Höhe abzukühlen. Dadurch kommt es eben zu jener Stagnation der Luftbewegungen, welche es der Atmosphäre so schwermacht, die einmal abgeladene Verschmutzung wieder loszuwerden. Deshalb auch hat bei-

spielsweise die industriereiche Großstadt Hamburg wegen der dort meist vorherrschenden relativ starken Winde kein ausgeprägtes Problem der Luftverschmutzung. Andere Gegenden der Erde jedoch werden mehr und mehr von hartnäckigen Smogbedingungen heimgesucht. Das haben unsere Astronauten berichtet, welche von der Klarheit des Weltraums aus Gelegenheit hatten, unseren blauen Planeten rundum zu beobachten. Dabei stellten sie fest, daß er an vielen Stellen grau geworden ist. Weite Strecken Mitteleuropas, wie etwa das Ruhrgebiet, Oberitalien, die Großstädte Südamerikas und sogar das doch von frischen Meeresbrisen umwehte Japan verbergen sich oft hinter den undurchdringlichen Schleiern der Luftpest.

In seiner Karriere als Forscher und Ingenieur hat sich der Mensch oft von dem leiten lassen, was ihm die Natur von sich aus seit je vorgeführt hatte – wie etwa die Kraft des Dampfes in einem Geysir, die Kräfte der Elektrizität in einem Blitz oder die Energiequelle der Kernverschmelzung im Innern der Sonne und der Sterne. Auch in der Luftverschmutzung hat ihm die Natur schon immer etwas vorgemacht. Die Atmosphäre in der Nähe von vulkanischen Gebieten ist durch Schwefeldämpfe, andere übelriechende Abgase aus dem Erdinnern und durch feine Asche oft so verschmutzt und vergiftet, daß Menschen diese Gebiete verlassen mußten oder erst gar nicht besiedelten. Der größte katastrophale Luftverschmutzungsakt, den sich die Natur in der jüngsten Geschichte geleistet hat, ereignete sich in der Nacht vom 27. zum 28. August des Jahres 1883. Eine der riesigsten Vulkanexplosionen überhaupt hat dabei die kleine Insel Krakatau in der Sundastraße zwischen Sumatra und Java fast völlig weggesprengt. Insgesamt sind etwa vier Kubikkilometer Gestein in die Luft geschossen worden, da-

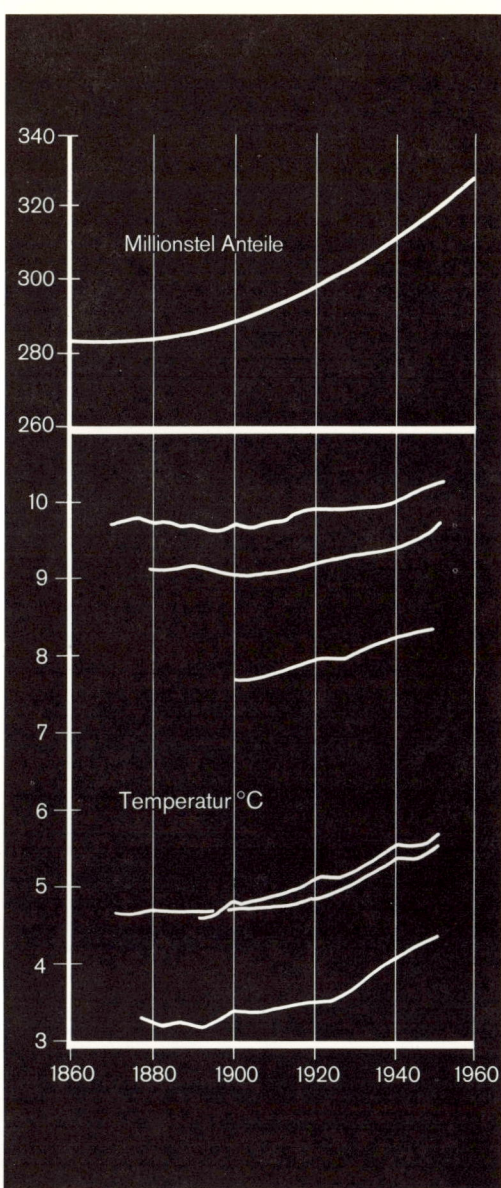

340 –
320 –
Millionstel Anteile
300 –
280 –
260 –
10 –
9 –
8 –
7 –
6 – Temperatur °C
5 –
4 –
3 –
1860   1880   1900   1920   1940   1960

Oben: Zunahme des Kohlendioxidgehalts der irdischen Atmosphäre in Millionstel während des Zeitraums von 1860 bis 1960. Wahrscheinliche Ursache: die industrielle Verbrennung von Kohle und Öl. Unten: Zunahme der mittleren Jahrestemperatur an sechs europäischen Beobachtungsstationen.

von mindestens einige Prozent in der Form von feinstem Staub, der bis in die höchsten Atmosphärenschichten hinauf geblasen worden ist. Dieser Staub hat fast die gesamte Atmosphäre der Erde für Monate hindurch im echten Sinne verschmutzt. Dadurch wurde der klare Himmel getrübt, und monatelang ging die Sonne oft in einem unheimlich glutroten Schein unter. Wenn es damals schon genauere Klimabeobachtungen gegeben hätte, so wären sicher auch für einige Jahre weltweite Klimaänderungen nachweisbar gewesen.

Vier Kubikkilometer verpulvertes Gestein entsprechen einer Masse von etwa 16 Milliarden Tonnen; der größte Teil dieses abgeschossenen Materials freilich wird in Form von größeren Brocken oder kleinen Steinen wieder ins Meer zurückgefallen sein. Der Rest jedoch, der in Form von Staub eine längere Zeit in der Atmosphäre verblieb, entspricht etwa wieder einem Millionstel der Atmosphärenmasse. Dieses zwar katastrophale Experiment, das uns die Natur vor knapp 100 Jahren vorgeführt hat, zeigt wiederum, welche geringen Bruchteile an Fremdkörpern in der Luft ausreichen, um unsere Atmosphäre sichtbar und fühlbar zu beeinträchtigen.

In den meisten Fällen, in denen wir die Natur nachahmten, haben wir ihre Leistungen bei weitem nicht erreicht. In der Luftverseuchung jedoch sind wir ihr über. Wir sprachen bereits über die drohende Vergiftung unserer Umwelt durch Metalle wie etwa Quecksilber. Im Jahr 1923 wurde eine für die Autoindustrie besonders wichtige Erfindung gemacht. Man hat festgestellt, daß eine metallorganische Verbindung, nämlich Bleitetraäthyl, die Eigenschaft hat, Frühzündungen in dem Gemisch innerhalb eines Zylinders zu verhindern. Im Automotor konnte man daher durch winzige Zugaben dieses bleihaltigen Mittels im Benzin das sogenannte Klopfen vermeiden. Seit jener Zeit wird laufend mehr klopffreies Benzin von höheren Oktanzahlen angeboten. Das etwas teuere, aber klopffreie Superbenzin enthält entsprechend größere Mengen von Bleitetraäthyl. Jedes Auto, das mit modernem Benzin gefahren wird, ist deshalb ein kleiner, von Menschenhand geschaffener und gesteuerter Vulkan, der außer der anderen häßlichen Chemie auch noch Blei in die Luft abbläst. Fein verteiltes Blei jedoch ist ein sehr ernsthaftes organisches Gift. Es gibt Theorien, daß der Zusammenbruch der römischen Zivilisation durch chronische Bleivergiftungen der Römer verursacht worden sei, da sie aus bleiernem Geschirr aßen und tranken und auch ihre Wasserleitungsrohre mit Blei ausgekleidet hatten.

Typische Bleivergiftungen kennen wir in der modernen Medizin als eine Berufskrankheit, deren Symptome durch Mattigkeit, Übelkeit und vor allem durch geistige Störungen gekennzeichnet sind. Dem modernen Industriemenschen wird Blei nicht nur in Metallform als Industrieabfall in winzigen Spuren angeboten, er atmet es auch als Auspuffanteil seines Automobils ein – ja, er nimmt diese bleihaltigen Auspuffgase sogar durch seine Haut auf. Das Teuflische an diesem atmosphärischen Blei ist die Tatsache, daß es auch die Nahrung verseucht und sich nicht nur im Blut und im Fettgewebe, sondern vor allem auch in der Nervensubstanz niederschlägt. Besonders bei Kindern, deren Gehirn noch wächst, ist eine hohe Ansammlung von Blei zu beobachten. Aus chemischen Analysen des Grönlandeises, das hundert oder zweihundert Jahre alt ist, sowie aus Bodenproben hat man geschlossen, daß jeder heute lebende Mensch etwa hundertmal soviel Blei in seinem Körper mit sich herumträgt wie seine Vorfahren vor Beginn der industriellen Revolution. Messungen der Luftverschmutzungen bei einer Expedition haben gezeigt, daß die Luft von Südkalifornien mit seiner besonders hohen Konzentration von Automobilen etwa fünftausendmal so viel Blei enthält wie die Luft über Samoa in der Mitte des Pazifik. Solche speziellen Vergiftungen der Atmosphäre hat sich die Natur bisher allerdings noch nicht geleistet. Wenn wir Menschen, nur was die Bleiverseuchung der Luft anbetrifft, in den nächsten 30 Jahren keine Änderung herbeiführen, so droht der Menschheit und auch der Tierwelt eine ernsthafte Gefahr durch dieses giftige Metall.

Schon mehrmals hatten wir die Schornsteine der Erde, die Vulkane, mit den Essen unserer Industrie verglichen. Beide machen einen ziemlichen Gestank. Auch können selbst winzige Änderungen in der Zusammensetzung unserer Atmosphäre, was das Kohlendioxid anbetrifft, das Klima der Erde erstaunlich stark beeinflussen. Ja, es gibt sogar eine sehr ernstzunehmende, vielleicht sogar die wahrscheinlichste Theorie der Eiszeiten in der Geschichte unseres Planeten, die darauf fußt, daß der Gehalt an Kohlendioxid durch Änderungen des Vulkanismus im Laufe der Jahrmillionen schwankte. Wieso ist dieses Gas, das weniger als ein dreißigstel Prozent der Atmosphäre ausmacht, imstande, das Klima der Erde zu steuern?

Kohlendioxid in der Atmosphäre hat die gleiche Wirkung wie die Glasscheibe eines Gewächshauses. Für das sichtbare Sonnenlicht, nämlich für den größten Anteil der Sonnenenergie, ist es völlig durchsichtig. Das Gas absorbiert jedoch Wärmestrahlung, die wieder nach draußen entweichen will. Glas wirkt genau so, und das ist der Grund, weshalb es in einem Gewächshaus oder auch in unseren modernen, sehr stark verglasten Hochhäusern oft so heiß ist. Man kann ausrechnen, daß selbst geringe Schwankungen im Kohlendioxidgehalt der Atmosphäre die gesamte Temperatur des

Planeten sehr stark beeinflussen können. Nun haben wir in den letzten 150 Jahren, seit Beginn der technischen Revolution, schon eine große Menge von Kohle und Erdöl verbrannt, deren wichtigstes gasförmiges Verbrennungsprodukt eben Kohlendioxid ist. So hat man seit 1860, dem Beginn der ersten exakten Messungen innerhalb eines Jahrhunderts, eine Zunahme des Kohlendioxids in unserer Atmosphäre um etwa ein Siebtel festgestellt. Der Masse nach entspricht das ziemlich genau den fossilen Brennstoffen, die wir in diesem Jahrhundert verbrannt haben. Entsprechend ist dann auch die mittlere Temperatur der Erde angestiegen. Seit den zwanziger Jahren sind die Gletscher der ganzen Welt alarmierend schnell und schneller heruntergeschmolzen. Es sieht so aus, als ob wir Menschen in der Tat ungewollt das Klima geändert hätten. Die allerletzten Konsequenzen einer extremen Zwischeneiszeit, die wir dadurch in den nächsten Jahrhunderten verursachen könnten, machen sich wenige Menschen klar. Wenn größere Anteile der vereisten Polar-

Bei einer völligen Abschmelzung der Polarkappen würde der Meeresspiegel um mehrere hundert Meter ansteigen und dabei alle heutigen Küstengebiete überfluten, wie etwa die Norddeutsche Tiefebene. Abhängend von der Anhebung des Meeresspiegels würden nur noch die entsprechend schraffierten Gebiete über Wasser bleiben.

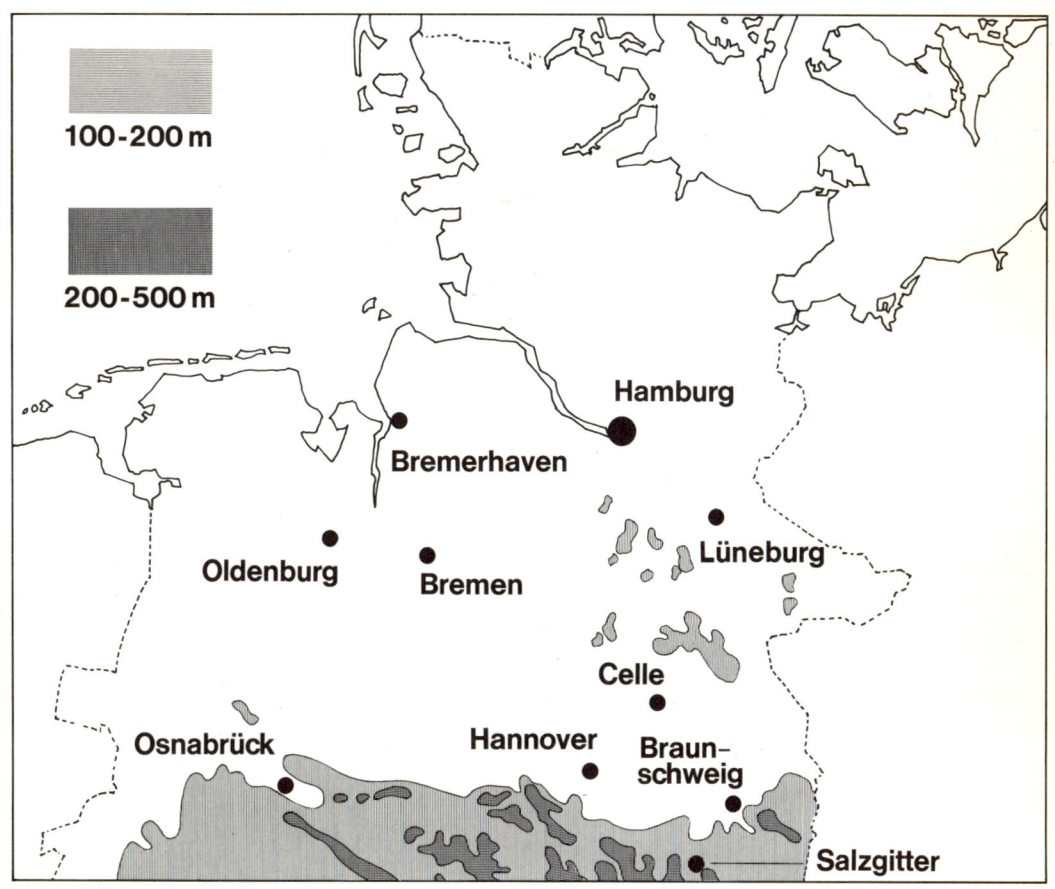

100–200 m

200–500 m

Hamburg

Bremerhaven

Oldenburg   Bremen   Lüneburg

Celle

Osnabrück   Hannover   Braun-schweig

Salzgitter

kappen wegschmelzen, so könnte der Meeresspiegel um über hundert Meter ansteigen und damit alle großen Ansiedlungen des Menschen in Küstennähe – wie Hamburg, New York, Los Angeles, Tokio, London und viele andere – überschwemmen.

Andererseits hat sich diese Erwärmungstendenz in unserem Klima seit etwa 10 bis 15 Jahren verlangsamt, ja sogar wieder umgekehrt. Jetzt scheint die Erde wieder etwas kälter zu werden, und die Gletscher beginnen wieder zu wachsen. Was könnte das für Gründe haben?

Das können wir ganz gut verstehen. Diese Abkühlungserscheinungen fallen zeitlich zusammen mit einer immer weiter um sich greifenden Luftverschmutzung, welche die Atmosphäre immer dunstiger und undurchsichtiger macht. Auch hat die rücksichtslose Ausnutzung vieler Ackerböden in der ganzen Welt weite Strecken versteppen und verkarsten lassen. Feiner Staub wird dadurch in viel größeren Mengen in die Atmosphäre hineingewirbelt und trägt zur weiteren Dunstbildung in unserer Luft bei. Unser Planet verliert dadurch – von außen her gesehen – etwas von seiner blauen Farbe und wird immer grauer. Physikalisch gesehen heißt das, daß die Atmosphäre immer mehr Sonnenenergie unmittelbar in das Weltall zurückstrahlt und daß die Kontinente und Ozeane, und damit die untere Atmosphäre, nicht mehr so stark aufgeheizt werden wie früher. Der Erfolg all dieser Ereignisse könnte dann aber auch sein, daß wir einer neuen Eiszeit entgegengehen.

Es ist also in der Tat so, daß der Mensch mit seiner heutigen Bevölkerung von rund vier Milliarden Menschen in jedem Jahr auch viele Milliarden von Tonnen Material aller Art umsetzt. Die gasförmigen Bestandteile dieser gewaltigen Aktivität überläßt er vertrauensvoll der Atmosphäre in der Hoffnung, daß diese mit ihren natürlichen Reinigungsprozessen damit fertig wird. Alles jedoch, was etwa ein Millionstel ihrer Masse lokal oder global erreicht, kann sie nicht mehr verkraften. Was die Physik, die Chemie und die Klimatologie der Erdatmosphäre anbetrifft, so sind wir dabei, sie heute schon oder spätestens in den nächsten Jahrzehnten ernsthaft zu gefährden.

Gerade in diesem Kapitel hatte ich, weil ich Astronom bin, öfters Gelegenheit, Veränderungen unseres irdischen Himmels – selbst während meiner kurzen Lebenszeit – anzusprechen. Da ich beruflich vielleicht öfters als andere Menschen den Himmel anschaue, ist mir während der letzten 40 Jahre meines Lebens eine immer stärker zunehmende Trübung schmerzlich aufgefallen. So ist es mir in den letzten zwei Jahren nicht ein einziges Mal gelungen, meinem vierjährigen Sohn die Milchstraße zu zeigen. Ich erinnere mich gut, daß ich sie als Teenager bei Skiurlauben im Hochgebirge oder dann später noch auf dem Mount Palomar in Südkalifornien in ihrer ganzen eindrucksvollen Pracht gesehen habe. Einen klaren Himmel, der für einen solchen Anblick erforderlich ist, habe ich in den letzten fünf, ja vielleicht sogar zehn Jahren nie mehr so recht erlebt. Es kann kein Zweifel bestehen, daß wir unserem kostbaren Luftmeer durch unsere Eingriffe in die Natur schon einen empfindlichen Schaden zugefügt haben.

7 »Alarm« – ein Gramm pro Tonne

Die Begriffe »Umwelt«, »Umweltverschmutzung« und »Umweltschutz« sind in den letzten Jahren Mode geworden, so daß man diese Dinge nicht weiter erläutern muß. Es ist heute wohl auch gar nicht nötig, noch ein weiteres Buch über dieses Thema zu verfassen. Wenn ich jedoch in den letzten beiden Kapiteln mich diesem Thema mehr und mehr genähert habe, liegt es daran, daß ich dieser großen Problematik nicht völlig ausweichen kann. Als Naturwissenschaftler jedoch liegt mir daran, eine Naturgeschichte dieses Phänomens zu schreiben, das heißt jene Gesetze herauszufinden, welche unser Problem kennzeichnen. Bei der Bearbeitung von vorliegenden Daten über unser Thema, welche in vielen anderen Büchern nachzulesen sind, ist mir ein merkwürdiges Gesetz aufgefallen. Diese Gesetzmäßigkeit bezieht sich auf den Grad der Verschmutzung, welche die einzelnen Bereiche unseres blauen Planeten betreffen. Um diese Gesetzmäßigkeit richtig darzustellen, müssen wir uns mit einem Begriff der spekulativen Naturwissenschaft vertraut machen: mit dem Rechnen in Größenordnungen.

In der Schule haben wir gelernt, daß die Lösung einer Rechenaufgabe immer ganz genau stimmen muß. Die Naturwissenschaften sind dafür bekannt, daß ihre Angaben immer völlig präzis sind. Das ist jedoch nur selten der Fall. Zahlenmäßige Antworten auf die interessantesten Fragen in den Naturwissenschaften sind nur in den seltensten Fällen auf so und so viele Stellen hinter dem Komma angebbar: Betrachten wir einmal das Alter der Erde. In der Bibel steht, daß die Welt 4000 Jahre alt sei. Die Geologen und Biologen des vorigen Jahrhunderts griffen schon nach den Jahrmillionen. Astronomen und Geophysiker sind heute für das Alter der Erde bei den Milliarden angelangt. Da sehen wir jetzt schon den Begriff der Größenordnung. Es ist eigentlich erstaunlich, daß man das Alter der Erde mit relativ großer Sicherheit überhaupt in der Gegend von Milliarden von Jahren ansiedeln kann. Die Grenzen freilich sind noch etwas vage, da die Erde vermutlich zwischen 3,5 und 5 Milliarden Jahre alt ist. Der spekulative Wissenschaftler stört sich dabei überhaupt nicht an der Differenz dieser Angaben von 3,5 oder 5. Worauf es ihm ankommt, ist die sogenannte Größenordnung. Es handelt sich beim Alter der Erde um Milliarden von Jahren. Das allein ist schon eine phantastische Leistung, für das Alter der Erde wenigstens die Größenordnung bestimmt zu haben. Die interessantesten Spekulationen, die uns auch hier bei unserem Thema ganz besonders angehen, werden durch solche Betrachtungen über Größenordnungen angestellt. Da wir in unserer Zählweise das Zehnersystem haben, versteht man unter einer Größenordnung jeweils die Gruppen von Zehnern, Hundertern, Tausendern, Millionen, Milliarden oder Billionen. Ob ein Ergebnis bei diesen Betrachtungen zwei oder sieben Millionen beträgt, ist dabei gleichgültig, solange es nicht zwei

Ungewollte künstliche Beeinflussung des Klimas durch Smog über Großstädten: Los Angeles (links) und New York (rechts).

oder sieben Tausend oder zwei oder sieben Milliarden sind. Auf die Größenordnung kommt es an.

Vielleicht hilft ein Beispiel, um den großen Erkenntniswert, der im Rechnen mit Größenordnungen steckt, zu begreifen. Im zweiten Kapitel haben wir davon gesprochen, daß die Ozeane vermutlich durch die Dämpfe der Vulkane im Laufe der biologischen Geschichte entstanden sind. Durch eine einfache Betrachtung von Größenordnungen können wir abschätzen, ob so etwas überhaupt möglich sein kann, oder vielleicht kompletter Unsinn ist. Die gesamte Masse des Meerwassers beträgt 1,4 Trilliarden Tonnen; auf der Erde gibt es etwa 500 tätige Vulkane und viele tausend erloschene Vul-

kane. Man darf sinngemäß annehmen, daß es während der ganzen geologischen Geschichte der Erde der Größenordnung nach im Schnitt immer einige hundert Vulkane gegeben hat, die tätig waren. Da die Erde etwa vier Milliarden Jahre alt ist und ein Jahr etwa 30 Millionen Sekunden hat, so haben im Schnitt etwa 500 Vulkane während einer Zeitdauer von zwölf Trillionen Sekunden Wasserdampf abgegeben. Es ist nun leicht, aus diesen Angaben zu berechnen, daß das Weltmeer sich durch den Vulkanismus im Laufe der Erdgeschichte angesammelt haben kann, wenn jeder Vulkan pro Sekunde etwa 350 Liter Wasser abgeblasen hat. Das sind etwa 20 Eimer. Die Größenordnung also stimmt. Wenn man die gewaltige Produktion der Vulkane, zu denen auch noch die unterseeischen Lavaausbrüche zu zählen sind, betrachtet, so erscheint es absolut im Rahmen des Möglichen, daß jeder Vulkan in jeder Sekunde 20 Eimer Wasser abgibt. Wir sehen also an diesem Ergebnis, daß die Vorstellung, die Ozeane seien durch den Vulkanismus erzeugt worden, sinnvoll ist. Wäre unser Er-

gebnis gewesen, daß jeder Vulkan in jeder Sekunde nicht 250 Liter, sondern 250 Millionen Liter erzeugen müßte, so müßte man diese Theorie zu den Akten legen, weil sie größenordnungsmäßig überhaupt nicht aufgeht: Ein Vulkan schafft solche Mengen nicht. Umgekehrt, wäre als Ergebnis herausgekommen, daß jeder Vulkan in der Sekunde nicht 250 Liter, sondern bloß 250 Milligramm Wasser hätte erzeugen müssen, so müßten wir diese Theorie ebenfalls aufgeben, weil Vulkane pro Sekunde bestimmt weit mehr Wasserdampf erzeugen. Da die Größenordnung jedoch so erstaunlich stimmt, kann man die Theorie des vulkanischen Ursprungs des Weltmeeres keineswegs von der Hand weisen.

Solche Betrachtungen in Größenordnungen wollen wir jetzt einmal auf die Umweltverschmutzung anwenden, um den Grad ihrer Gefährlichkeit und Bedrohlichkeit abschätzen zu können. Es nutzt uns nicht viel, wenn wir sagen, daß die Luft unserer Großstädte stinkt und daß unsere schönen Süßwasserseen durch eingeschwemmte Dünger und Abwässer sterben und daß Fische wegen zu

hoher Konzentration an DDT für den Menschen ungenießbar werden. Wenn wir die Gesetzmäßigkeit unserer globalen Umwelt verstehen und ihre Bedrohung durch den Menschen abschätzen wollen, dann müssen wir in jedem Fall eine Betrachtung über die Größenordnung anstellen. Dabei ergibt sich dann eine interessante Gesetzmäßigkeit.

Verschmutzung und Bedrohung der Umwelt hat es eigentlich immer schon gegeben, obwohl erst etwa seit der Mitte unseres Jahrhunderts daraus auf dem Lande, im Wasser und in der Luft Probleme entstanden sind. Es zeigt sich, daß eine Verschmutzung oder Verseuchung dann merklich, irritierend und vielleicht sogar kritisch zu werden beginnt, wenn ihre Größenordnung etwa ein Millionstel erreicht. Bei der Luft hält die Weltgesundheitsbehörde einen Verschmutzungsgrad nur dann für unbedenklich, wenn er ein Fünftel dieses Betrages nicht übersteigt, das heißt 0,2 Gramm pro Tonne. Von Verschmutzungen unserer Atmosphäre durch natürliche Ursachen, nämlich durch feinen Staub bei riesigen Vulkanexplosionen, haben wir zuvor schon gesprochen. Im Laufe

des letzten Jahrhunderts haben sich einige solcher Explosionen ereignet, und zwar bei den Vulkanen Krakatau in der Sundastraße im Jahr 1883, beim Mont Pelée auf der Antilleninsel St. Martinique im Jahr 1902, beim Katmai-Vulkan in Alaska 1912 und bei einem kleineren Ausbruch des Agung-Vulkans auf der Insel Bali im Jahr 1965. Bei den größeren Ausbrüchen dieser Art sind etwa zehn Milliarden Tonnen Staub in die Luft geblasen worden, welche für Wochen und Monate in ihr hängenblieben. Da die Masse der Atmosphäre fünf Trillionen Tonnen beträgt, kann man für den Verschmutzungsgrad der gesamten Atmosphäre durch einen solchen Vulkanausbruch etwa den Wert $1 : {}^1\!/_2$ Million errechnen. So etwas

macht sich schon weltweit bemerkbar, und zwar durch trüben Himmel und durch besonders farbige Sonnenuntergänge, auch in weit entfernten Kontinenten. Beim Ausbruch des Katmai hat man auch hinterher durch verstärkte Reflexion der Sonnenstrahlung einen weltweiten Temperaturabfall von etwa fünf Grad Celsius beobachtet. Glücklicherweise hat sich dieser Staub nur wenige Wochen in der Atmosphäre gehalten, so daß dieser Vulkanausbruch nicht zu einer erheblichen Klimastörung geführt hat. An den Wirkungen dieser natürlichen Ereignisse können wir die Folgen unserer eigenen Eingriffe in die Umwelt abschätzen. So hat man zum Beispiel berechnet, daß in der verkehrsreichsten deutschen Stadt, nämlich in Mün-

Immer stärker hat sich die Sonnenscheindauer in den Großstädten durch den Stadtdunst verringert. Staub- und Rauchpartikel vermehren die Nebeltage und hüllen die Millionenstädte – wie hier München – in immer dichtere Dunstschichten.

chen, pro Tag 300 Tonnen Abgase von Automobilen und Industriestaub in die Luft abgeblasen werden. Diese Menge muß von einer Luftmasse aufgenommen werden, welche die Stadt München als Dunstglocke einhüllt. Solche Dunstglocken sind oft recht zäh, und die verschmutzte Luft wird nur sehr zögernd ausgetauscht, auch wenn es nicht ganz windstill ist. Wir hatten zuvor schon erläutert, weshalb im Innern solcher Dunstglocken Luftbewegungen sehr stark gehemmt werden. Wenn wir deshalb annehmen, daß bei einer ausgesprochenen Dunstlage der gesamte Luftkörper über der Großstadt im Schnitt bis zu 24 Stunden hängenbleibt, so können wir den Verschmutzungsgrad ausrechnen. Zur Berechnung der

Größe des Luftkörpers nehmen wir zunächst die Fläche von München mit den Vorstädten, etwa 400 Quadratkilometer. Die Höhe des Luftkörpers rechnen wir bis zu der typischen Höhe der untersten Luftschicht. Das Volumen des Luftkörpers erhalten wir, wenn wir die Fläche von etwa 400 Quadratkilometer mit der Höhe von 1500 Meter multiplizieren. In dieser Höhe endet die unterste Luftschicht, die sogenannte »Peplosphäre« oder »Mantelschicht«. Jeder, der schon einmal geflogen ist, hat es erlebt, daß bei Erreichen dieser Höhe – etwa zwei bis vier Minuten nach dem Start – das Flugzeug in eine deutlich unterschiedene, klare Luftmasse darüber eintritt. In dem genannten Raum über München befindet sich nach solchen Abschätzungen eine Luftmasse von 700 Millionen Tonnen, auf die sich unsere 300 Tonnen Schmutz verteilen. Der Verschmutzungsgrad der Münchner Luft in solchen Fällen beträgt daher etwa 1:2 Millionen.

Eine der von der Luftverschmutzung am schlimmsten betroffenen Gegenden der Welt ist der Raum über den japanischen Städten Tokio und Osaka. Dort sind Daten von anderer Art bekannt, nämlich der Industriestaub und der Ruß, der an jedem Tag auf einen Quadratmeter dieses ganzen Gebietes herabfällt. Aus japanischen Angaben errechnet sich dort eine Luftverschmutzung im Verhältnis von 1:500000. Die Verhältnisse dort also sind im Schnitt viermal so schlimm wie in München. Gleichzeitig aber wieder haben wir es mit der Größenordnung einer Verschmutzung von etwa 1:1 Million zu tun.

Wenn wir jetzt die Wasserverschmutzung betrachten, so wollen wir den Eriesee in Nordamerika, der besonders genau untersucht worden ist, ins Auge fassen. Man hat berechnet, daß pro Jahr etwa 37 000 Tonnen unverbrauchter Düngemittel von dem Agrarland seiner Umgebung in den See geschwemmt werden. Dazu kommen noch 45 000 Tonnen Nitrate und Phosphate in den unbehandelten Abwässern aus den Großstädten in seiner Nähe. Da der Eriesee eine Fläche von ungefähr 25 Milliarden Quadratmeter bei einer mittleren Tiefe von knapp 30 Meter besitzt, beträgt die gesamte Wassermasse dieses Sees 700 Milliarden Tonnen. Die Verschmutzungsrate des Eriesees pro Jahr errechnet sich daher zu etwas mehr als 1:1 Million. Da diese Verschmutzung schon seit einigen Jahrzehnten in diesem Maßstab vor sich gegangen ist, liegt die Verschmutzungsrate heute schon über 1:1 Million. Das ist der Grund, weshalb dieser See einer der schlimmsten Fälle der Zerstörung von Süßwasserseen darstellt.

Wie empfindlich Süßwasser auf die Verschmutzung durch künstliche Düngemittel reagiert, kann man schon daran erkennen, daß das sogenannten »Blühen« eines Sees – das heißt eine ungesunde Vermehrung von Algen – bereits bei einer Verschmutzung von 1:10 Millionen beginnt. Auch die Verseuchung mit DDT beginnt bei Verschmutzungswerten von 1:1 Million bedenklich zu werden. DDT wird freilich – von der Tonne her gesehen – in weit geringeren Mengen pro Hektar angewendet als künstlicher Dünger. Es hat aber die unangenehme Eigenschaft, daß es sich in der Körpersubstanz von Pflanzen, Tieren und Menschen konzentriert. So trägt heute schon jeder Mensch in Amerika, wo DDT schon seit Kriegsende in großem Maßstab benutzt wird, eine DDT-

Verschmutzung in seinem Körper mit sich herum, die, auf das Körpergewicht bezogen, etwa 1:1 Million beträgt. Es ist ein Fall bekannt geworden, daß ein Hobbygärtner an DDT-Vergiftung gestorben ist. Er hatte seinen Garten jahrelang im Übermaß mit DDT behandelt. Die Verseuchung des fetthaltigen Gewebes seines Körpers, wo sich DDT bevorzugt ansammelt, betrug 1:40 000. Er war also 25mal stärker verseucht als der Durchschnittsamerikaner.

Auch Metallvergiftungen lassen sich in ihrer Schwere mit diesem Maßstab messen. Chemische Untersuchungen der Funde von Steinzeitmenschen und der entsprechenden Bodenproben haben ergeben, daß die Verseuchung unserer Urahnen mit Blei ungefähr nur 1:400 Millionen betragen hat. Gefahren einer Metallvergiftung dieser Art waren für sie einfach nicht gegeben. Heute ist es so, daß durch die industrielle Verschmutzung unserer Umwelt jeder Mensch etwa 400mal so viel Blei in seinem Körper mit sich herumträgt wie ein Höhlenmensch. Das entspricht einer Vergiftungsrate von 1:4 Millionen und nähert sich damit der kritischen Grenze. Ähnliche Überlegungen gelten auch für Vergiftungen mit Quecksilber und Kadmium. So hat man festgestellt, daß die meisten Amerikaner, die in einer hochtechnisierten Umwelt leben, bis zum Alter von 20 Jahren etwa zehn Milligramm Kadmium in ihrem Körper ansammeln. Wenn wir ein mittleres Körpergewicht von 50 Kilogramm annehmen, so entspricht das einer Kadmiumverschmutzung im menschlichen Körper im Verhältnis von 1:5 Millionen. Die Vergiftungsrate durch dieses doch recht ausgefallene Metall in den Industrieländern nähert sich demnach auch bereits der Gefahrengrenze.

Diese Reihe von Beispielen könnte ich noch fortsetzen, und in erstaunlicher Weise erscheint dann immer wieder die Größenordnung von 1:1 Million als eine kritische Grenze, deren Überschreitung zu einem Problem führt. Man kann diese Grenze geradezu als eine Katastrophenschwelle ansehen, an der ein rotes Licht aufgestellt werden muß: bis dahin und nicht weiter.

Ich erinnere mich nicht, noch vor 30 oder 40 Jahren von der Umweltverschmutzung etwas gehört zu haben, obwohl ich in der Industriestadt Mannheim aufgewachsen bin. Wir schwammen in den beiden Flüssen meiner Heimatstadt, im Rhein und im Neckar, ohne uns über die Reinheit des Wassers Gedanken zu machen. Der Verschmutzungsgrad damals muß in der Gegend von 1:100 Millionen oder höchstens 1:10 Millionen gelegen haben. Nur bei bestimmten Wetterlagen stieg der Verschmutzungsgrad der Luft auf etwa 1:1 Million an, so daß es gelegentlich nach Chemie roch. Nun aber ist an vielen Stellen der Welt diese Gefahrengrenze auf dem Lande, im Wasser und in der Luft längst am kritischen Wert von 1:1 Million angelangt und hat ihn vielfach sogar schon überschritten.

Es ist eigentlich erstaunlich, daß wir mit unseren Dimensionsbetrachtungen ein so typisches Maß für die Bedrohlichkeit einer Verschmutzung oder einer Verseuchung finden konnten. Es hat sich in den verschiedensten, von einander völlig unabhängigen physikalischen, chemischen und biologischen Systemen immer wieder gezeigt: das Verhältnis 1:1 Million. Wir können also wirklich sagen – Alarm: ein Gramm pro Tonne. Auch haben wir uns klargemacht, daß wir bei diesen Überlegungen mit Größenordnungen zu rechnen haben und uns mit der Stelle hinter dem Komma überhaupt nicht beschäftigen. Ja, es ist sogar so, daß eine Verseuchung von 0,3 Gramm pro Tonne und von 3 Gramm pro Tonne für uns von der Wirkung her eben dasselbe bedeuten wie etwa ein Gramm pro Tonne. Es ist typisch

für die Dimensionsbetrachtungen, daß man sich eine solche Breite leistet. Nur wenn eine Größe zehnmal größer oder zehnmal kleiner ist, merkt man auf. James Michener hat in dem Buch, aus dem ich im Vorwort zitiert habe, den Menschen selbst als einen *pollutant* bezeichnet. Dieses Wort kann man schlecht übersetzen, ohne den Menschen in seiner Würde zu beleidigen. *Pollutant* heißt nämlich »Verschmutzungselement«. Nun hatten wir zuvor ja ausführlich über die gerade noch erträgliche Verschmutzungsgrenze in der Physik, der Chemie, der Klimatologie und der Biologie unseres Planeten gesprochen. Denselben Begriff möchte ich jetzt auf den Menschen anwenden und – damit es nicht so häßlich klingt – vielleicht lieber von einer Toleranzgrenze sprechen, die wir allerdings auch mit dem Wert 1:1 Million, das heißt ein Gramm pro Tonne, ansetzen wollen. Was für einen Maßstab jedoch soll man benutzen, wenn man die Menschheit zu ihrer Umwelt im Maßstab von Gramm zu Tonne in Beziehung setzen will?

Die Menschen sind Lebewesen, und daher muß dieses In-Beziehung-Setzen aus der Biologie stammen. Es hat wenig Sinn, etwa Toleranzgrenzen zu suchen, die sich mit der Anzahl der Menschen pro Quadratkilometer oder der Anzahl der Menschen in einer noch sinnvoll funktionierenden Großstadt befassen. Als Lebewesen hat der Mensch den Drang aller Lebewesen zu überleben. Dazu benötigt er Energie, die er seiner Umwelt entnimmt. Nun sind wir schon auf dem Weg zu einem sinnvollen Maßstab, da alle naturwissenschaftlichen Überlegungen sich auf recht sicherem Boden bewegen, wenn man das Energieprinzip als Basis benutzt. Das Gesetz von der Erhaltung der Energie steht unter allen Erkenntnissen des Menschen über die Gesetzmäßigkeiten seiner Umwelt wohl an der Spitze.

Als erstes müssen wir uns darüber im klaren sein, daß wir Menschen, zusammen mit allen anderen Wesen der Fauna, nur ein sekundäres Lebensrecht auf unserem blauen Planeten genießen. Die primären Lebensformen, welche die Belebtheit unseres Planeten geschaffen haben und bis heute erhalten, sind die Pflanzen. Sie nämlich, und nur sie allein, sind imstande, den Energiestrom der Sonne zu nutzen, um daraus biologische Substanz aufzubauen. Der Prozeß der Photosynthese ist demnach die Urformel des Lebens. Alle Mitglieder der Fauna, einschließlich des Menschen, machen von dieser zauberhaften Fähigkeit der Pflanzen Gebrauch, Sonnenenergie einzufangen und in energiegeladene organische Substanzen zu speichern. Selbst ein Raubtier, das nur Fleisch frißt, lebt letzten Endes von der Pflanze, da auch seine Beutetiere – entlang einer mehr oder minder komplexen Ernährungskette – der Pflanze ihr Leben verdanken. Wenn man so will, so sind alle Tiere und Menschen Parasiten der Pflanzenwelt auf unserer Erde. Wir benutzen den Sonnenschein lediglich dazu, um uns aufzuwärmen oder um uns zu bräunen. Diese bescheidenen Fähigkeiten der Fauna, die Energie der Sonne zu nutzen, würde uns allerdings überhaupt nicht zum Leben genügen.

Diese Überlegungen nun geben uns die Möglichkeit, die Toleranzgrenze unseres blauen Planeten für eine sinnvolle Größe der Menschenzahl auf der Erde zu berechnen. Wiederum gehen wir aus von der Regel: ein Gramm pro Tonne. Da wir Parasiten der Pflanzenwelt sind, dürfen wir mit unserer Masse das Volumen der Pflanzenwelt nur höchstens bis zu einem Millionstel erreichen, sonst überschreiten wir die kritische Grenze. Diese Überlegungen geben uns eine Handhabe zur Berechnung, wie viele Menschen es auf der Erde eigentlich überhaupt geben darf. Diese Zahl hängt ab von der Größe unseres Planeten, von der Sonnenenergie, die ihn laufend trifft, und von der Fähigkeit unserer Pflanzen, diese Sonnenenergie biologisch zu nutzen. Die Pflanzen sind freilich nur imstande, einen geringen Bruchteil der Sonnenenergie für ihr Wachstum einzusetzen, da ein großer Teil von der Erde zurückreflektiert wird. Viele andere Teile der Sonnenstrahlung fallen auf unfruchtbares Gelände oder in das Meer, ohne Pflanzen zu treffen – kurz, es ist abgeschätzt worden, daß etwa nur 0,04 Prozent der Sonnenenergie von den Pflanzen biologisch genutzt wird. Das reicht immerhin aus, daß in jedem Jahr Algen, Farne, Bäume, Sträucher, Flechten und Gräser eine ungeheure Masse pflanzlichen Körpermaterials produzieren: 400 Milliarden Tonnen. Da wir heute die Zeitspanne einer Generation der Menschheit im Schnitt auf etwa 50 Jahre veranschlagen können, produziert die Pflanzenwelt unseres Planeten im Laufe einer Menschheitsgeneration 20 Billionen Tonnen organischen Materials. Als Toleranzgrenze für die Menge Menschen, die es nach diesen Angaben geben darf, wollen wir wieder unsere Regel ansetzen: ein Gramm pro Tonne. Das heißt also, daß während einer Generation 20 Millionen Tonnen Menschen existieren können, wenn die naturgegebene Toleranzgrenze nicht überschritten werden soll. Zuvor schon hatten wir das Durchschnittsgewicht des Menschen mit 50 Kilogramm angegeben, da ja ein gutes Drittel der Menschheit aus Kindern be-

Verseuchter Abzugsgraben. Aus fünf Fabriken ergießen sich die Abwässer in einen holländischen Kanal. Das Wasser wird zu einer stickigen Brühe.

steht. Eine einfache Rechnung zeigt sodann, daß die natürliche Toleranzgrenze unseres blauen Planeten die Zahl der jeweils lebenden Menschen etwa 500 Millionen beträgt.

Das etwa war die Bevölkerung der Menschheit in der Renaissance. Damals hat man auch von einem Druck der Menschenzahl auf unserem Planeten noch überhaupt nichts gehört. Heute haben wir diese Toleranzgrenze bereits etwa um das Achtfache überschritten.

Wiederum wenn wir unsere Betrachtungen über die Größenordnungen – zusammen mit dem Gesetz »ein Gramm pro Tonne« – anwenden, so können wir das Anliegen meines Kollegen Grzimek in seinem ganzen Ernst abschätzen. Es ist nicht ganz einfach, das Gesamtgewicht aller Säugetiere zu berechnen. Indessen, was wiegen zehn Millionen Gazellen, eine Million Elefanten, 100 000 Giraffen, 30 000 Blauwale und 2000 Wisente? Das Gesamtgewicht aller heute noch existierenden großen Säugetiere läßt sich mit der Menschheit fast nicht vergleichen. Der größte Betrag davon kommt vermutlich noch auf die Nutztiere, wie etwa Schafe und Rinder. Die Menschheit insgesamt wiegt bestimmt zehnmal so viel. Das heißt also, daß wir uns das Schicksal aller vom Aussterben bedrohten Tiere zur Herzen nehmen müssen. In unserer Betrachtung von Größenordnungen können wir sie vernachlässigen. Das ist doch eigentlich furchtbar, daß wir diese großartigen Schöpfungen der Natur heute so unter den Tisch fallen lassen müssen.

Es ist mir nicht gelungen, eine auch nur annähernde Zahl für das Gesamtgewicht der Insekten auf unserer Erde zu finden. Eine Küchenschabe, eine Fliege oder eine Ameise wiegen nur Bruchteile eines Gramms. Es gibt aber so viele von ihnen, daß man – ohne echte Kenntnis einer verläßlichen Zahl – ihr Gesamtgewicht mindestens so hoch einschätzen muß wie das der gesamten Menschheit. Vermutlich ist es sogar noch höher. Genauso wie wir Menschen haben die Insekten wohl auch die Grenze von 1:1 Million gegenüber den Pflanzen schon längst überschritten. Das ist auch der Grund, weshalb sie unsere Konkurrenten und – genauso wie wir – eine Pest unseres blauen Planeten sind.

Berechnungen solcher Art sollen keineswegs behaupten, daß jede Überschreitung der Menschenzahl auf der Erde von 500 Millionen von Übel sei. Zwar ist der Mensch letzten Endes ein Parasit der Pflanzenwelt – durch seine Einsicht in die Naturgesetze jedoch vermag er es, die optimale Zahl seiner Existenz auf der Erde erheblich zu erhöhen, ohne das Energieprinzip zu verletzen.

Eigenlich hat er das schon getan, da der Mensch die Toleranzgrenze für die optimale Zahl auf der Erde schon fast um das Achtfache überschritten hat. Eine auf völlig anderer Basis fußende Rechnung zeigt, daß die Ackerfläche der Erde die derzeitige Weltbevölkerung ernähren kann, wenn auch nur knapp. Wir haben zuvor schon davon gesprochen, daß nur ein Bruchteil der Landfläche der Erde sich für den Ackerbau eignet. Zur Zeit werden ungefähr $1^1/_2$ Milliarden Hektar bebaut. Wenn wir einen Menschen mit der für ihn auf die Dauer notwendigen Ernährungsmenge von 2400 Kalorien pro Tag versorgen wollen, einschließlich eines entsprechenden Betrages an Proteinen,

Die Vegetationsstreifen beiderseits der Autobahn sind durch Auspuffgase zerstört.

so benötigt jeder von uns als Ernährungsgrundlage etwa 0,6 Hektar. Wenn wir uns also alle ausreichend ernähren wollen, so dürfen wir die Zahl von 2,3 Milliarden nicht überschreiten. Freilich können wir unsere Ernährung noch durch Fische ergänzen, welche ja die Ackerflächen nicht belasten. Dadurch ist es möglich, daß wir heute mit etwa 3,8 Milliarden Menschen auf der Erde leben. Freilich sind wir dabei – und das zeigt diese Rechnung – im Schnitt um etwa 20 Prozent unterernährt, da der Weltdurchschnitt der täglichen Nahrung nur 2350 Kalorien beträgt. Wie verträgt sich diese Erkenntnis mit der optimalen Zahl von 500 Millionen Menschen, die wir als unsere Regel gerade eben berechnet haben? Die Antwort können wir sofort geben. Die Nahrung, die wir von dem 1,4 Milliarden Hektar Ackerland auf der Erde und zusätzlich noch aus dem Meer jährlich gewinnen, liegt keineswegs im Maßstab dessen, was die Natur von sich aus in diesen Bereichen hervorbringt. Durch die Kunst unseres Ackerbaus haben wir die Produktivität pro Hektar eben fast um das Zehnfache gesteigert. Wir düngen künstlich; wir benutzen moderne Ackerbaumaschinen zur Aussaat und zur Ernte; wir benutzen chemische Hilfsmittel zur Bekämpfung von Insekten und Pflanzenschädlingen; wir haben eine Fischereiindustrie.

Alle diese Maßnahmen fressen allerdings Energie: die Fabrik, die den Kunstdünger und die Insektenvertilgungsmittel herstellt; Eisenbahnen und Lastwagen, welche diese transportieren; Benzin und Öl für den Betrieb der landwirtschaftlichen Maschinen; Amortisation für diese ganze Agrikulturtechnik – und die Fischereiindustrie. Wenn es uns also gelungen ist, den Bedarf für die volle Ernährung eines Menschen auf 0,6 Hektar Ackerland herunterzudrücken, dann nur deshalb, weil wir zusätzliche Energie

hineingesteckt haben. Das Erschreckende an diesem Prozeß besteht darin, daß die Energie, die in einer geernteten Tonne Weizen steckt, sehr viel kleiner ist als die Summe der technischen Energien, die wir zu seiner Produktion aufgewendet haben. Gewiß, die Sonnenenergie hat etwas dazu beigetragen; der Wirkungsgrad der Photosynthese jedoch entspricht keineswegs von sich aus dem Ertrag eines Hektars, der mit modernen Methoden der Landwirtschaft kultiviert wird. Jetzt sehen wir, daß wir nur deswegen über unsere als natürlich erkannte Grenze von 500 Millionen hinauswachsen konnten, weil wir zusätzliche Energien in Anspruch genommen haben. Zu einem überwiegenden Prozentsatz gewinnen wir diese Energien aus der Verbrennung von fossilen Brennstoffen: Kohle, Öl und Erdgas. Diese Energien auch nur haben es uns ermöglicht, unsere gewaltige Industrie aufzubauen und bisher zu erhalten.

Die Rechnung freilich müssen wir bezahlen. An vielen Stellen unserer Erde haben wir mit unserer Aktivität die natürliche Physik und Chemie unseres delikaten Planeten schon über die Grenze des Erträglichen hinaus belastet. Wenn auch die Grenze von einem Gramm pro Tonne willkürlich erscheinen mag, so gibt sie uns doch eine sinnvolle Handhabe, um abzuschätzen, was vermutlich schädlich ist und was nicht. Solange wir selbst als »Parasiten« der Pflanzenwelt die Grenze von einem Gramm pro Tonne nicht überschritten hatten, gab es auch noch keine Probleme auf diesem Gebiet. Zur Zeit der Spätrenaissance, als die Menschheit aus rund 500 Millionen Individuen bestand, brauchte man sich um die Erhaltung unseres blauen Planeten auch noch keine Gedanken zu machen. Das leidige Problem der Umweltverschmutzung wird oft lediglich den Auswüchsen unserer modernen Industriegesellschaft und der

Habgier des kapitalistischen Systems zugeschrieben. Bei näherer Betrachtung sieht man, daß das völlig falsch ist. Letzten Endes gehen alle diese Probleme zurück auf den Druck der stets wachsenden Bevölkerung, der sich in den westlichen Ländern genauso bemerkbar macht wie in den sozialistischen Ländern und in den Nationen der Dritten Welt. Die Wirtschaftsminister der ganzen Erde spüren die Faust im Nacken und müssen dafür sorgen, daß das Bruttosozialprodukt ihrer Länder in jedem Jahr mindestens so stark ansteigt wie ihre Bevölkerung. Sonst verliert man ja unwiederbringlich an Boden. Eine umweltfreundlichere oder sogar völlig umweltunschädliche Industrie jedoch ist so unwirtschaftlich, daß keines der verschiedenen Wirtschaftssysteme freiwillig auf die Vorzüge der bisherigen industriellen Sorglosigkeit verzichten will. Es ist daher sinnlos, wenn sich die einzelnen Länder gegenseitig den Schwarzen Peter zuschieben. Die ganze Menschheit sitzt eben auf demselben Problem, und deswegen sind wir alle heute Verderber unserer Erde. Bevor nicht der Zwang von uns weicht, jedes Jahr zwei oder sogar über drei Prozent mehr Menschen als im Jahr zuvor ernähren zu müssen, können unsere Superindustrie und Superlandwirtschaft nur mit großen Opfern umweltfreundlicher werden als sie heute sind. Das Alarmzeichen: Achtung – ein Gramm pro Tonne – wird daher wohl noch lange auf Rot leuchten müssen.

8 Unser Feind, das Atom

In meinen Akten muß sich noch ein Brief von Walt Disney aus dem Jahr 1954 befinden, in dem er mich bat, ihm bei einem seiner Film- und Fernsehprojekte behilflich zu sein. Mit seinem überaus hoch entwickelten Sinn für die Bedürfnisse der Öffentlichkeit nach Unterhaltung und Information in Film und Fernsehen hatte er sich ein bedeutendes Thema ausgedacht, dessen Bearbeitung er mir übertragen wollte. Ich war damals Mitglied der Fakultät der Universität von Los Angeles und mir war klar, daß eine Annahme dieses reizvollen Auftrages eine ernsthafte Unterbrechung meiner wissenschaftlichen Karriere bedeuten würde, die sich bislang streng entlang traditioneller akademischer Bahnen entwickelt hatte. Mein Dekan redete mir zu, da er als Amerikaner die unterschwellige soziale Wichtigkeit dieses Vorschlages von Walt Disney auf Anhieb begriff; er hatte nämlich nicht nur Universitätsbelange, sondern auch die Verpflichtung der Intellektuellen gegenüber der Öffentlichkeit im Auge.

Die erste Atombombe im Jahr 1945 lag fast ein Jahrzehnt zurück. Die Menschheit ahnte bereits deutlich, daß wir mit den Erfolgen unserer Naturwissenschaften nach Naturkräften griffen, denen unsere Einsicht und moralische Reife vielleicht nicht ganz gewachsen waren. Damals schon begann die Weltöffentlichkeit zu fühlen, daß das Atom in Wahrheit unser Feind sein könnte. In der Form der Atombombe drohte es in einem jederzeit wieder möglichen Weltkrieg die Menschheit zu vernichten. Umgekehrt war es den Energiewirtschaftlern der ganzen Welt schon lange klar, daß wir ohne Atomkraft auf die Dauer den stets wachsenden Energiebedarf, ja sogar Energiehunger der Menschheit nicht werden befriedigen können. Gleichzeitig hatten sich die zahlreichen Satellitenwissenschaften der Kernphysik in vielen wichtigen Gebieten, wie der Biologie, Chemie, Biochemie und in vielen Bereichen der Technik, bereits unentbehrlich gemacht. Auch diese für die Menschheit sehr wichtigen und letzten Endes segensreichen wissenschaftlichen Aktivitäten waren von dem bösen Ruf, den das Atom seit der ersten Atombombe trug, überschattet. All das hatte Walt Disney eben mit seinem sechsten Sinn für die Öffentlichkeit sauber erkannt und deshalb – noch ohne jede weitere Vorstellung über die Art und die Darstellungsweise des geplanten Filmes – einen hinreißenden Titel konzipiert: *Unser Freund, das Atom.*

Bei der Gestaltung des Filmes, unter dem wachsamen Auge von Walt Disney, ging mir sehr bald auf, daß es dabei gar nicht darauf ankam, lediglich die im echten Sinne kraftvolle Story des Atoms nachzuzeichnen. Auch ein noch so spannender Bericht über die damit verbundenen faszinierenden Ereignisse in der intellektuellen Geschichte der Menschheit würde nicht genügen. Disney verlangte von uns eine Rahmenhandlung, die ihn überzeugte. Den historischen und wissenschaftlichen Inhalt unseres Filmes hatten wir schon längst beisammen, aber eine Rahmenhandlung, die Disney gefiel, hatten wir noch nicht. Endlich kamen wir auf eine Idee, die Walt Disney bei einer Konferenz in 30 Sekunden kaufte. Die Energie des Atoms ist der Geist aus der Flasche, den ein armer Fischer – das heißt der forschende Mensch – aus dem Meer des Unbekannten zog. Als er ahnungslos den Bleistopfen der Kupferflasche öffnete, entwich daraus unter Entwicklung von gräßlichen Flammen und Dämpfen ein riesiger Geist, der ihm den Tod ankündigte. Im letzten Moment jedoch besann sich der Fischer seines Witzes und forderte den Geist zu einer Erklärung heraus, wieso er mit seiner gewaltigen Größe in dieses winzige Gefäß hineingepaßt hätte. Das könne er nicht glauben. Wir alle kennen ja die Geschichte, wie der Geist auf diesen Trick hereinfiel, sich wieder in die Flasche hineinpreßte, die der Fischer prompt verschloß. Nun freilich wurde der Geist nur befreit, nachdem der dem Fischer drei Wünsche gewährt hatte. Daraus wurde dann unsere Disney-Geschichte, in dem unser Freund, das Atom, uns dann ausreichend Energien, Forschungsmittel und eine friedliche Nutzung seiner Kräfte gewährte. Noch heute denke ich mit Freude an dieses Disney-Projekt von unserem Freund, dem Atom, zurück.

In dem Optimismus der damaligen Zeit, den ich als Wissenschaftler teilte, hatte ich allerdings den Rauch, die Dämpfe und die Flammen übersehen, die das Auftauchen des Geistes aus der Flasche begleiteten. Ja, es ist mir damals die Symbolik dieser Flammen und Dämpfe entgangen, die selbst beim friedlichen Wiedererscheinen des Geistes nach seiner Zähmung der Atomflasche entwichen. Gewiß, auch damals schon wußten Physiker und Nukleartechniker, daß bei der friedlichen Nutzung der Atomenergie gefährliche radioaktive Substanzen anfallen,

oder soll man besser sagen abfallen. Dieser radioaktive Abfall war damals freilich noch so klein, daß man ihn ohne jeden Ärger in ein paar Bleikannen aufsammeln und irgendwo in einer tiefen Höhle verstecken konnte. So etwas geht ohne weiteres, wenn die Zahl der Kernkraftwerke auf der ganzen Welt im Rahmen bleibt. Als sich jedoch in wenigen Jahrzehnten – und so ist es seit damals gewesen – der Energiebedarf der Menschheit vervielfachte, begann uns der wild radioaktive Abfall dieser sonst so eleganten Energiegewinnungsmethode auf den Nägeln zu brennen. Was hat es denn eigentlich mit der viel gerühmten atomaren Energieerzeugung und mit dem viel berüchtigten radioaktiven Müll für eine Bewandtnis?

Obwohl sich unsere Kenntnisse über den Aufbau der Atome wesentlich verfeinert haben, so sind die Vorstellungen, welche die Physiker vor vierzig Jahren gehabt haben, für ein Verständnis der Atomstrukturen völlig ausreichend. Damals hatte man in einem zwar einfach erscheinenden Bild bereits erkannt, daß die Existenz dreier verschiedener Urteilchen – die berühmten ersten Elementarteilchen – uns den Aufbau der Atome verständlich machen können. Zwei von ihnen waren relativ schwer, und zwar gleich schwer, nämlich das positiv geladene Proton und das elektrisch neutrale Neutron. Fast zweitausendmal leichter war das elektrisch negative Elektron. Protonen und Neutronen haben die Fähigkeit, sich bei naher Berührung mit unwiderstehlicher Gewalt anzuziehen und wie zwei kleine Tropfen Quecksilber zu einer winzigen schweren Kugel zu verschmelzen. Die elektrische Abstoßungskraft zwischen den Protonen wird dabei durch diese »Kernkräfte« völlig überspielt. Die einzelnen Atomarten, wie etwa Wasserstoff, Sauerstoff, Eisen und Uran, unterscheiden sich nur dadurch, daß sie verschiedene Atomkerne – nämlich aus verschieden

vielen Protonen und Neutronen zusammengesetzt – besitzen. Die positive elektrische
Ladung des Kerns wird dann ausgeglichen
durch einen entsprechend großen Schwarm
von Elektronen, welche den schwereren
Atomkern umkreisen.

Praktisch alle der etwa 300 bekannten
Atomkerne sind stabile Strukturen. Die

schwereren von ihnen allerdings gleichen
einer dichtgepackten Ansammlung von 200
oder mehr Murmeln im Innern eines stark
gespannten Gummiballons. Manche dieser
Ballons sind so zum Platzen gespannt, daß
gelegentlich eines der im Innern zusammengequetschten Teilchen entweicht und abgeschossen wird. Die erste Atomart, bei der
diese Eigenschaft entdeckt wurde, war Uran.
Da diese winzigen Teilchen in Form
einer sogenannten Teilchenstrahlung entweichen, nannte man Uran »radioaktiv«. Eine
größere Zahl von Atomsorten, über 15 an
der Zahl, darunter auch das berühmte Radium, wurden dann als radioaktiv erkannt.
Leider erst zu spät haben die Wissenschaftler bemerkt, daß diese radioaktiven Sub-

Das Prinzip der Kettenreaktion: Jedes gespal-
tene Atom spaltet mit seinen zwei abgegebenen
Neutronen jeweils zwei weitere Atome.

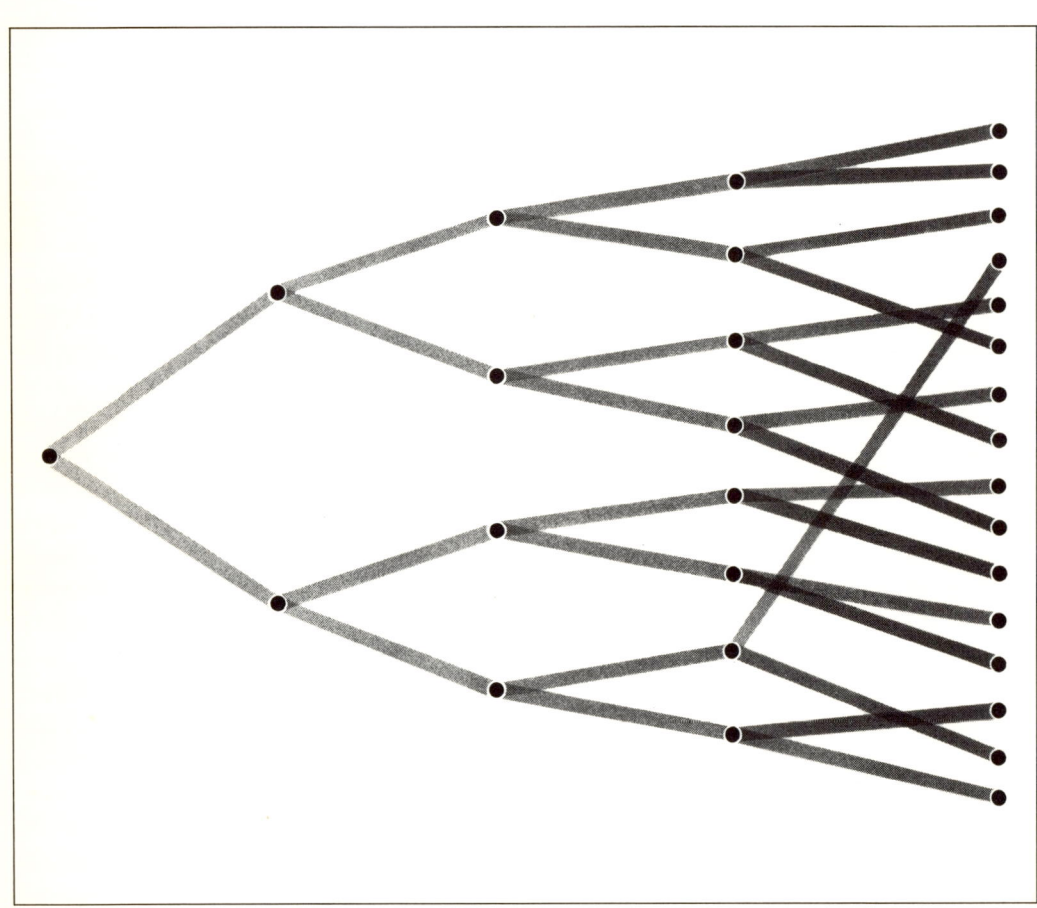

stanzen auch in geringster Konzentration sehr gesundheitsschädlich sind, nachdem eine große Zahl von Arbeiterinnen in Uhrenfabriken, welche mit Pinseln radioaktive Leuchtfarben auf Zifferblätter anbrachten, mit schweren Geschwüren am Mund und im Gesicht erkrankten. Sie hatten nämlich immer wieder ihre feinen Pinsel mit den Lippen angespitzt. Seit jener Zeit schützten sich die Wissenschaftler durch umfangreiche Vorsichtsmaßnahmen vor diesen radioaktiven Elementen. Die radioaktiven Elemente – die wichtigsten von ihnen Uran, Radium und Thorium – sind in der Erdkruste so selten, daß eine natürliche Strahlungsgefahr auf unserem Planeten überhaupt nicht existiert. Seit der Beherrschung der Atomenergie – oder besser gesagt Kernenergie – haben sich durch den Menschen diese Bedingungen völlig geändert. Gewaltige Energien können durch die sogenannte Kernspaltung befreit werden, wie das in jedem Atomreaktor mit gesteuerter Langsamkeit und in jeder Atombombe mit gewollter Plötzlichkeit passiert. Um bei unserem Beispiel der in einem Gummiballon zusammengequetschten Murmeln zu bleiben, kann man eine Kernspaltung recht einfach beschreiben. Der Gummiballon eines Uranatoms wird mit einer weiteren Murmel angeschossen, der die Gummihülle zum Platzen bringt. Die Gummihülle hat jedoch die Eigenschaft, daß sie sich um die zwei Hälften nach der Spaltung wieder relativ dicht schließt. Lediglich ein bis drei Murmeln entweichen bei diesem heftigen Vorgang. Diese können dann allerdings weitere Murmelpakete in ihren Gummiblasen – das heißt weitere Atomkerne – zum Platzen bringen, so daß bei Ablauf einer solchen sogenannten Kettenreaktion sehr viel Energie frei wird. Übrig bleiben die Bruchstücke, das heißt kleinere Ansammlungen von Murmeln, die von Gummihäuten, die sich notdürftig wieder geschlossen

haben, zusammengehalten werden. Diese sind dann freilich nicht so stabil, so daß von diesen Bruchstücken anschließend noch eine, zwei, drei oder vier Murmeln abgeschossen werden. Das bedeutet, daß die Bruchstücke radioaktiv sind. Außerdem dringen die bei den Spaltungsprozessen frei werdenden Murmeln ihrerseits in jede andere Gummiblase ein, auf die sie treffen. Diese machen sie dann auch unstabil mit dem Erfolg, daß weitere Murmeln ausgestoßen werden.

Was wir mit diesem Beispiel beschrieben haben, ist lediglich die Tatsache, daß eine Kettenreaktion der Atomspaltung eine große Zahl von Atomkernen zurückläßt, welche radioaktiv sind. Diese sind dann ebenso gefährlich wie das Radium, das den Uhrenarbeiterinnen vor fast 70 Jahren jene schrecklichen Geschwüre im Gesicht beigebracht hat. Gegenüber dieser natürlichen Radiumgefahr haben die Beiprodukte von Kernprozessen, wie sie in jedem Atomreaktor zur Energiegewinnung ablaufen, noch zwei weitere große Nachteile:

1. Selbst normalerweise harmlose chemische Elemente – wie Phosphor, Strontium, Jod oder Cäsium – entstehen bei diesen Kernspaltungsprozessen als radioaktive gefährliche Abarten. Man nennt sie künstliche Radioisotope.

2. Die Radioaktivität und damit die gesundheitsgefährdende Eigenschaft dieser künstlich radioaktiv gemachten Stoffe übertrifft die Gefährlichkeit der natürlichen radioaktiven Elemente um das Hundert-, Zehntausend-, ja sogar Millionenfache. Das heißt also, daß winzige Abfallspuren unserer Atomkerntechnik gesundheitsgefährdender sind als sämtliche Radium- und Thoriummengen, welche die Wissenschaft zuvor mühsam angesammelt hatte. Diese radioaktiven Abfallprodukte nun gilt es zu beseitigen. Was aber heißt »beseitigen«, wenn es

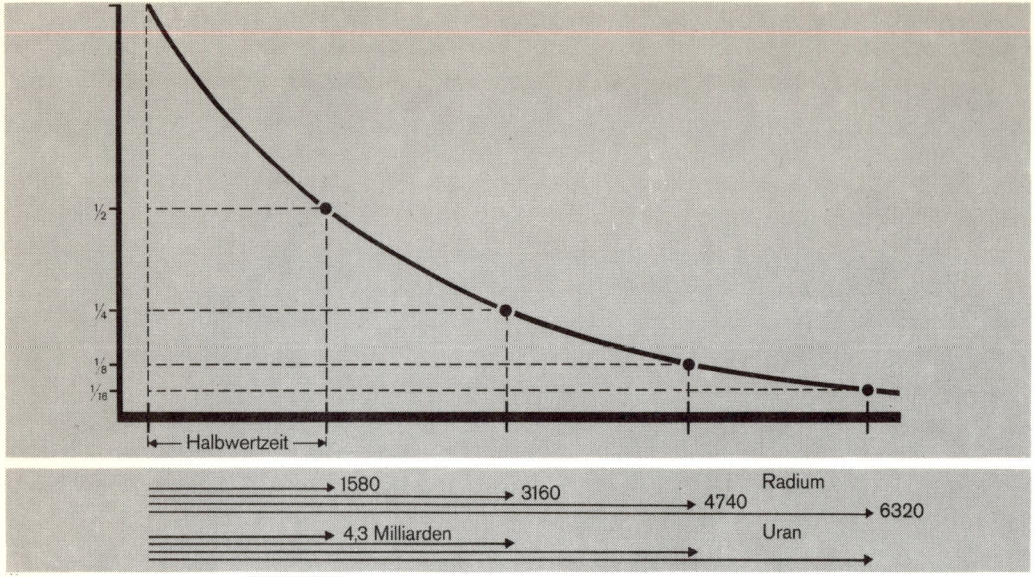

Die Zerfallskurve radioaktiver Elemente: In jeweils gleichen Zeitabschnitten (waagerechte Skala für verschiedene Elemente getrennt aufgetragen), der Halbwertszeit, zerfällt die Hälfte der ursprünglich vorhandenen Menge.

sich um diese hinterlistigen strahlenden Elemente dreht? Wenn ich sie in eine Müllgrube schütte oder ins Meer werfe, so breiten sie sich nur aus, verseuchen das Grundwasser, das Meer und die Luft und werden für Pflanzen, Tier und Mensch zu einer ernsthaften Gefahr. Da diese Strahlen nicht imstande sind, dicke Metallwände oder Zementblöcke zu durchsetzen, hat man sie in solche schweren Behälter eingeschlossen, in verlassenen Bergwerken abgestellt oder in der Tiefe des Meeres versenkt. Leider hat die Radioaktivität dieser Stoffe eine gefährliche Lebensdauer bis zu mehreren tausend Jahren. Um also diese teuflischen Abfallprodukte für das Leben auf unserem blauen Planeten unschädlich zu machen, müßte

man für die Dichtigkeit der Behälter für mehrere tausend Jahre garantieren können. Genau das ist es, was nicht sicher ist. Wer sagt uns, daß solche Behälter mit diesen tödlichen Substanzen nicht vielleicht einmal im Innern eines Bergwerkes durch ein Erdbeben verschüttet und zerdrückt werden? Es würden dann die freiwerdenden radioaktiven Gifte vom Grundwasser aufgenommen und in den Wasserkreislauf des Planeten einbezogen werden. Dasselbe könnte durch unterseeische Beben mit den in der Tiefsee versenkten Behältern passieren, wenn diese dem Salzwasser des Ozeans überhaupt für mehrere tausend Jahre standhalten können. All diese Probleme waren vor 20 Jahren noch gar nicht so schlimm; inzwischen jedoch ist durch den steilen Anstieg der Weltbevölkerung der Energiebedarf der Menschheit gewaltig gewachsen und wird auch weiterhin noch immer steiler hochschießen. Dabei muß man vor allem bedenken, daß Dreiviertel der Menschheit noch heute arm ist und daß diese Menschen in Zukunft auch ihren Anteil an Energie verlangen werden. Wenn man sich diese Dinge vor Augen hält,

86

so sieht man, daß eine radioaktive Verseuchung unseres Planeten schon in wenigen Jahrzehnten eine bedrohliche Möglichkeit ist.

Wir müssen uns darüber klarwerden, wieso diese radioaktiven Abfallprodukte noch viele Jahrzehnte, Jahrhunderte, ja sogar Jahrtausende lang gefährlich sein können. Das hängt damit zusammen, daß eine radioaktive Substanz – entweder natürlich, wie etwa Uran, Thorium oder Radium, oder auch künstlich erzeugt – eine bestimmte Zeit lang zu strahlen imstande ist. Diese Strahlung nimmt zu Beginn sehr schnell und später dann immer langsamer ab. Dieses Gesetz der Abnahme der Strahlung kann man am besten durch die sogenannte Halbwertszeit einer radioaktiven Substanz kennzeichnen. Nach einer bestimmten Anzahl von Stunden oder Jahrtausenden klingt die Strahlungsenergie auf die Hälfte ab. Um den gleichen Zeitraum später ist nur noch ein Viertel vorhanden, dann ein Achtel und so weiter. Man könnte sagen, daß die verschiedenen radioaktiven Substanzen verschieden schnell abbrennen, und dadurch können wir auch ihre Gefährlichkeit abschätzen. So hat zum Beispiel das in der Kerntechnik entstehende radioaktive Jod eine Halbwertszeit von zwei Wochen. Nach zehnmal zwei Wochen, das heißt nach einem halben Jahr, ist die Strahlungskraft des radioaktiven Jods auf weniger als ein Tausendstel abgesunken. Dann kann man es vergessen. Ein anderes wichtiges Abfallprodukt der Kerntechnik ist Strontium mit einer Halbwertszeit von 28 Jahren; das heißt also, daß fast ein Jahrhundert später dieses hinterlistige radioaktive Gift noch fast ein Achtel seiner ursprünglichen Strahlungskraft besitzt. Dabei ist freilich zu bedenken, daß das radioaktive Jod sein Feuer in kurzer Zeit versprüht und zu Beginn sehr viel heftiger wirkt. Es ist vergleichbar mit dem Ab-

flammen einer Streichholzschachtel, wobei die Zündköpfe versehentlich alle praktisch zur gleichen Zeit hochgehen. Strontium ist eher wie ein Stück Holzkohle, das zu Beginn nicht so hochschießt wie die Streichholzschachtel, aber auch nach Stunden noch so heiß ist, daß man es nicht anfassen kann.

Auch muß man bei der biologischen Gefährlichkeit dieser Abfallstoffe danach fragen, ob diese Substanzen zum Organismus der Lebewesen eine Affinität besitzen. Bei Jod und Strontium ist das der Fall, da Jod sich in der Schilddrüse ansammelt und Strontium in den Knochen. Wegen der kurzen Halbwertszeit von Jod allerdings klingt eine Ladung in der Schilddrüse nach relativ kurzer Zeit wieder ab, es sei denn, daß durch laufende weitere Verschmutzung immer wieder neues radioaktives Jod aufgenommen wird. Strontium dagegen, das sich bei einem Kind einmal in seinen Knochen eingelagert hat, strahlt immer noch – wenn auch sehr viel milder –, selbst wenn dieses Kind schon Vater oder Großvater geworden sein wird.

Es ist außerordentlich schwer abzuschätzen, welche gesundheitlichen Schäden durch die bisherige Verschmutzung der Umwelt durch radioaktive Substanzen bereits verursacht worden sind. Die beiden wichtigsten Folgen radioaktiver Vergiftung sind die Erzeugung von Krebs, insbesondere Blutkrebs, und die Verursachung von Mißbildungen bei Neugeborenen.

Sich hierüber zahlenmäßige Angaben zu verschaffen, ist außerordentlich schwierig, wenn nicht sogar unmöglich. Es dreht sich dabei eigentlich darum, jenen berühmten Tropfen festzustellen und dafür verantwortlich zu machen, durch den das Faß zum Überlaufen gebracht wurde. Ein bestimmter Prozentsatz der Menschen stirbt an Krebs, und auf je 1000 Geburten entfällt eine bestimmte Anzahl von Mißbildungen. Aus

Tierversuchen ist bekannt, daß radioaktive Strahlungen auch in sehr geringen Dosen Krebs und Mißbildungen verursachen können. Wir kennen die zusätzliche Strahlungsbelastung, welche der Menschheit durch Atomtests und durch den Betrieb von Energiereaktoren in der ganzen Welt während der letzten 30 Jahre zugemutet worden ist. Es sind dies, medizinisch gesehen, möglicherweise immer noch Grenzwerte, so daß die Urteile von Fachleuten sehr stark auseinandergehen. Es gibt Wissenschaftler, die davon überzeugt sind, daß für die Weltbevölkerung als Ganze noch überhaupt kein nachweisbarer biologischer Schaden entstanden ist. Andere machen geltend, daß in der gesamten Weltbevölkerung jedes Jahr zwischen 2500 und 13000 Mißgeburten und mindestens ebenso viele zusätzliche Krebstote auf das Konto der durch den Menschen verursachten Strahlengefahr kommen. Die Optimistenschule macht mit Recht geltend, daß die Höhenstrahlung ja mit steigender Höhe über dem Meeresspiegel sehr stark zunimmt, so daß in einer Höhe von etwa 2000 Meter die Strahlungsdosis für einen Menschen gegenüber der Seehöhe sich verzehnfacht. Diese Tatsache hätte noch kaum einen Menschen daran gehindert, von New York nach Denver oder von Hamburg nach Davos zu ziehen. Die Pessimisten sagen ebenso sehr mit Recht, daß es freilich etwas völlig anderes sei, wenn die gesamte Menschheit in das Hochgebirge umzöge.

Es sieht im Moment nicht so aus, als ob man der einen oder der anderen Schule, das heißt den Optimisten oder den Pessimisten beipflichten soll oder auch nur kann. Eines jedoch steht fest: Wir haben uns bis an die Grenze, ja vielleicht sogar schon über die Grenze einer biologischen Strahlungsgefahr vormanövriert, und das bereits heute knapp 30 Jahre nach dem Beginn des Atomzeitalters. Wie dem auch sei, die Beseitigung der radioaktiven Abfallprodukte dieses Atomzeitalters macht uns heute schon viele Sorgen und wird uns auch in Zukunft noch sehr schwer auf der Seele liegen.

Bis zum Jahr 1970 betrugen die Abfälle in den Vereinigten Staaten fast 300000 Tonnen hochradioaktiver Substanzen, in Wasser gelöst, die mit Sorgen gelagert werden. Jedes Kilogramm dieser unangenehmen Abfälle hat eine Strahlungskraft, welche die Strahlung der gesamten Radiummenge vor dem Zweiten Weltkrieg um etwa das Dreihundertfache übertrifft. Die Werte für die ganze Welt kann man abschätzen, wenn man die Werte der Vereinigten Staaten etwa verdoppelt. Im Jahr 2000 wird sich die Energieerzeugung für den Bedarf der Menschheit etwa verhundertfachen müssen, wenn das Wachstum der Menschheit und vor allem der Industrialisierung selbst so weitergehen soll wie bisher. Ein Großteil dieses Bedarfs muß von der Atomenergie kommen, so daß bis zum Ende unseres Jahrhunderts mit radioaktiven Abfällen gerechnet werden muß, deren gesamte Strahlungskraft einige Milliarden Mal größer sein wird als die der Radiummenge im Besitz der Menschheit noch vor 50 Jahren. Diese Strahlungskraft würde ausreichen, bei entsprechender Applikation zehn, ja sogar vielleicht hundert Menschheiten von der jetzigen Größe tödlich zu vergiften. Bis dahin werden demnach auf der Erde etwa tausend Tanks mit radioaktiven Abfallstoffen lagern. Jeder von ihnen wird etwa fünf Tonnen dieses Materials enthalten, dessen Radioaktivität so gewaltig ist, daß der Inhalt dauernd kocht. Diese Tanks müssen dann ständig gekühlt werden, und ein Versagen in der Kühlungseinrichtung könnte fatale Auswirkungen haben. Wenn es sich um Tausendstel dieser Mengen handelte, so könnte man daran denken, diese teuflischen Gifte von der Erde wegzuschaffen und mit den Mitteln der

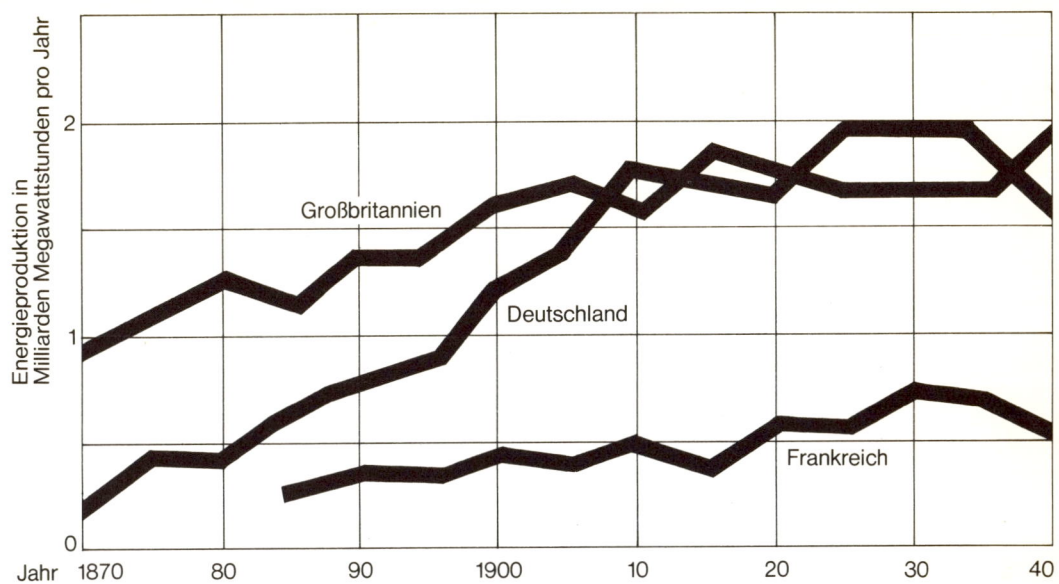

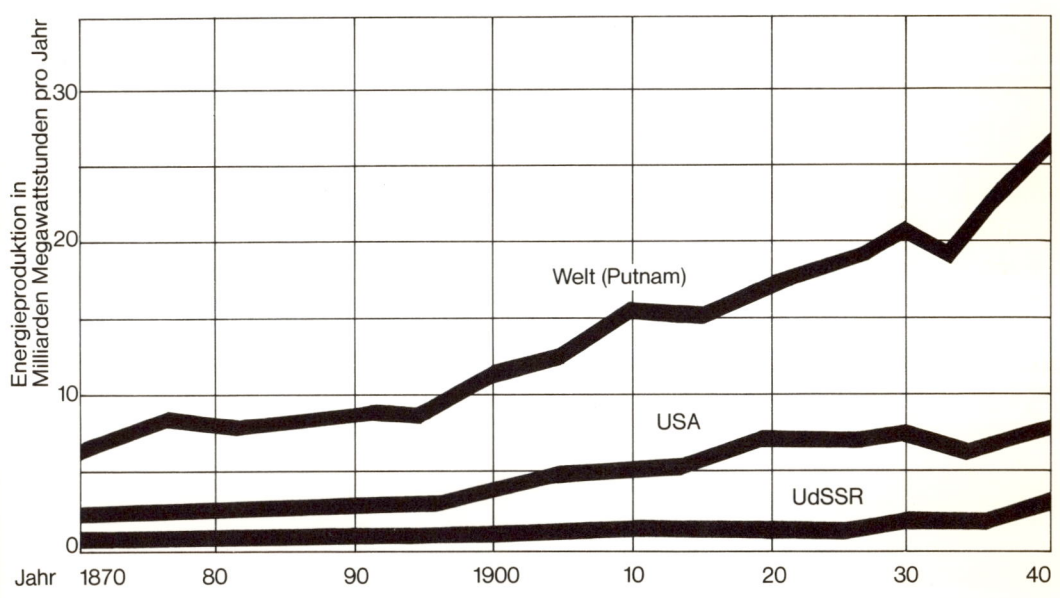

Die Energieproduktion von Deutschland, Frankreich und Großbritannien (oben) und im Vergleich die der Welt, der USA und der UdSSR zwischen den Jahren 1870 und 1940 (unten).

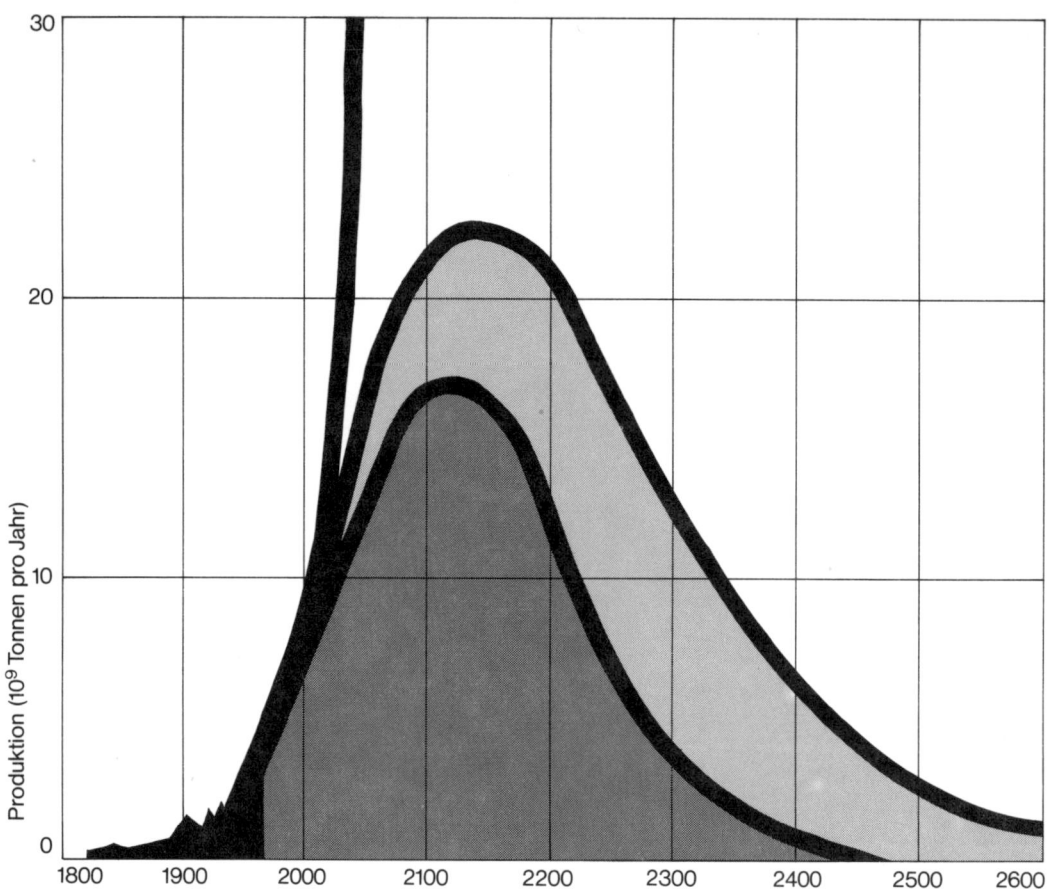

Die projizierte Förderung von Kohle während der nächsten Jahrhunderte. Die untere Kurve entspricht einer pessimistischen, die obere Kurve einer optimistischen Schätzung der irdischen Kohlevorräte. Die steile Kurve links zeigt die Steigerung der Förderungsmenge, die im Hinblick auf die gegenwärtige Bevölkerungszunahme notwendig wäre.

Weltraumtechnik in die Sonne zu werfen. Dort wäre nämlich der einzige Platz in unserem ganzen Planetensystem, wo man vor ihnen auf die Dauer wirklich sicher sein könnte. So aber steht uns modernen Abkömmlingen des Prometheus ein Problem ins Haus, das uns nach heute überschaubaren technischen Möglichkeiten kaum lösbar

erscheint. Selbst wenn man dieses Teufelszeug in die tiefsten Vulkane der Erde werfen würde, so würde es wieder ausgespien werden und Land, Meer und Luft verseuchen.

Bei diesen Prognosen ist sogar noch vorausgesetzt, daß alle radioaktiven Substanzen fein säuberlich zusammengehalten werden können und daß nichts von ihnen entrinnt. Dafür gibt es leider überhaupt keine Garantie. Zwei radioaktive Stoffe nämlich sind sehr flüchtige, beziehungsweise sehr schwer zu bindende Gase: die Wasserstoffabart Tritium und radioaktives Krypton, ein Edelgas. Glücklicherweise haben diese beiden Stoffe Halbwertsdaten von nur zwölf beziehungsweise neun Jahren, so daß ihre vielleicht baldige Beherrschung sie daran hindert, ihre

Gefährlichkeit im Laufe der nächsten Jahrzehnte zu addieren.

Die zukünftige Energiefreiheit des Menschen und seine weiterhin riesig anwachsende Industrie müssen wohl so oder so mit sehr unangenehmen Problemen erkauft werden. Eine Lösung erscheint zwar nicht völlig ausgeschlossen, dennoch aber sehr kostspielig und mit vielen Kopfschmerzen und vielleicht sogar echten Gefahren verbunden. Wir haben ja noch gar nicht davon gesprochen, daß große Kernkraftwerke durch einen Unglücksfall oder ein technisches Versagen ihr heißes Gift über weite Strecken verstreuen könnten. Das technische Können unserer Kernkraftingenieure und die Wachsamkeit der Strahlenschutzbehörden bei den Kernkraftwerken jedoch haben die Sicherheitsbedingungen so perfektioniert, daß jeder Angestellte eines solchen Kraftwerkes am Tage nur zweimal um sein Leben bangen muß: nämlich dann, wenn er mit seinem Auto zum Dienst fährt und wenn er abends wieder nach Hause zurückkehrt. Die übrige Zeit ist er genauso sicher, als wäre er zu Hause. Freilich könnte ein starkes Erdbeben ein großes Kernkraftwerk schwer zerstören. Oder auch Anarchisten könnten mit den immer mehr in Mode kommenden Bombendrohungen diese geballten, heimtückischen Giftstoffe als ein besonders wirkungsvolles Ziel aussuchen und damit ein ganzes Land terrorisieren und erpressen. Wenn man die sehr wirkungsvollen Sicherheitsvorschriften in der friedlichen Anwendung der Kernenergie betrachtet, so liegt in einer Bedrohung durch Anarchisten in der Tat die zur Zeit größte Gefahr eines Kernkraftwerkes für seine Umgebung.

Schon vor 20 Jahren, als besorgte Energiewirtschaftler in die Zukunft blickten, glaubte man mit der Zähmung der Atomenergie die Zauberformel für alle zukünftigen Energiesorgen der Menschheit gefunden

zu haben. Wenn man nun freilich an die ganzen radioaktiven Abfälle denkt, so kehrt man immer wieder zu den klassischen Energiequellen zurück und möchte es vielleicht vorziehen, den Strom wieder durch die Verbrennung von Kohle, Erdöl und Erdgas zu beschaffen. Diese Verfahren jedoch haben auch ihre ganz entscheidenden Nachteile. Vor allem muß man bei jeder Zukunftsplanung daran denken, daß diese fossilen Naturschätze nicht mehr allzu lange vorhalten werden. Dabei sollen wir uns überhaupt nicht täuschen lassen, wenn man an verschiedenen Orten auf unverkäuflichen Kohlenhalden sitzt. Das liegt nur daran, daß andere Techniken, die sich des Erdöls oder des Erdgases bedienen, nun einmal gerade in dieser oder jener Periode wirtschaftlicher sind. Als Ganzes gesehen, steht es um die Vorräte an fossilen Brennstoffen auf der ganzen Erde recht schlecht. Um zu zeigen, daß wir in dieser Hinsicht einer echten Katastrophe entgegenlaufen, genügt ein erschütterndes Beispiel. Die erste erfolgreiche und gezielte Bohrung nach Erdöl erfolgte im amerikanischen Staat Pennsylvania im Jahr 1859. Die Zahl der Öltürme auf allen Kontinenten und im Meer in Küstennähe beläuft sich heute auf die Millionen. Es wäre müßig, die Tonnen an Öl, die seit jenem Tag vor über hundert Jahren gefördert worden sind, hinzuschreiben. Eine Zahlenangabe hierzu jedoch eignet sich als Rätselaufgabe für jede Cocktailparty: Man bezeichnet die gesamte seit 1859 bis zum heutigen Tag geförderte Rohölmenge mit der Großzahl X. Sodann stellt man die Frage, in welchem Jahr die Hälfte der geförderten und verbrauchten X erreicht worden sei. Die richtige Antwort lautet: 1962, das heißt also, daß wir in den ersten 103 Jahren, einschließlich zweier Weltkriege, ebensoviel Öl verbraucht haben wie in den letzten 11 Jahren. Das ist nahezu unglaublich. Immer wieder haben neue Ölfunde Pessimisten Lügen gestraft. Heute jedoch, im letzten Viertel unseres Jahrhunderts, wird es langsam knapp. So viele neue Lagerstätten von Öl in der Welt kann es eigentlich gar nicht mehr geben, als daß wir mit diesem Tempo auch nur noch 30 Jahre weiter so aasen könnten. Riesige Pipelines durch Asien, Kanada und Alaska werden uns vermutlich nur noch für die nächsten 25 Jahre von Nutzen sein. Wir haben als Menschheit in den letzten Jahrzehnten eine irrsinnige Energieorgie gefeiert. Die Natur hat ein paar hundert Millionen Jahre gebraucht, um die fossilen Energieschätze Kohle und Öl anzusammeln. In knapp eineinhalb Jahrhunderten haben wir sie verfeuert. Wir benehmen uns wie ein völlig

verantwortungsloser Erbe, der das Familienvermögen in einer einzigen wilden Nacht durchbringt

Vor wenigen Wochen war ich wieder einmal mit meinem Bruder zusammen, der Spitzenmanager einer der größten amerikanischen Flugmotorenfabriken ist. Als wir uns über die Rohölsituation unterhielten, sagte er mir etwas sehr Erschreckendes: »Ich weiß nicht, ob wir in 30 Jahren überhaupt noch fliegen können, da wir dann vermutlich keinen Sprit mehr haben werden.«

Selbst wenn es unerschöpfliche Quellen an Kohle, Erdöl und Erdgas gäbe, so würde die zukünftige Energieerzeugung damit die Umwelt schwer belasten. Wir sind überhaupt noch nicht darauf eingerichtet, den Abfall selbst unserer heutigen Industrie zu verkraften. Die bisherigen Maßnahmen des sogenannten Umweltschutzes zielen eigentlich nur darauf ab, frühere Schäden wiedergutzumachen. Auf den unvermeidlich steilen Anstieg unserer Industrieaktivität und Energieproduktion sind wir abfallmäßig überhaupt nicht eingerichtet. Es ist gerade so, als ob eine Hausfrau einen massiven Rohrbruch

Radioaktiver Abfall im Stollen. Stück für Stück werden in dem Lagerstollen übereinander mehrere hundert Fässer radioaktiven Abfalls gelagert.

mit dem Scheuerlappen abfangen wollte, während die Feuerwehr, welche den Keller auspumpen müßte, noch nicht einmal alarmiert ist; ja, es ist sogar so, daß es diese Feuerwehr noch nicht einmal gibt und sie zunächst erst organisiert und ausgerüstet werden muß.

Als Ende der dreißiger Jahre die Spaltung des Atomkerns gelang, sah es lange Zeit so aus, als hätten wir den Schlüssel zu einer unerschöpflichen Energiequelle in die Hand bekommen. Es ist richtig, daß die nukleare Energie uns den Zugang zu völlig neuen Kraftreserven in der Natur beschert hat. Es gibt aber keine Möglichkeit, Energie ohne unerwünschte Abfälle zu erzeugen. Es wäre gar nicht so schlecht, wenn diese Abfälle lediglich Verluste darstellten, die wir eben bei der Energieerzeugung in Kauf nehmen müßten und welche die Wirtschaftlichkeit unserer Prozesse lediglich beeinträchtigten. Das könnte man noch verkraften.

Leider aber ist es so, daß bei jeder Energieerzeugung noch das Problem auftritt, die Abfälle loszuwerden, ohne daß sie unserer Umwelt schaden. Das ist gar nicht so leicht, denn bei der Verbrennung der fossilen Energievorräte – Kohle, Erdöl und Erdgas – entstehen giftige Verbrennungsprodukte, die als gasförmige Asche unser Luftmeer verseuchen. Die Erzeugung von Atomenergie führt auch zu einer »Asche«; diese ist aber, gemessen an den übermäßig großen Energiemengen, die wir gewinnen, mit ihrer Giftigkeit auch besonders heimtückisch.

Alle diese Überlegungen freilich werden uns nicht daran hindern, daß wir uns so oder so mit unserer Energieversorgung an das Atom wenden müssen. Es wäre gut, wenn wir dabei eher früher als später einsehen, daß wir einen erheblichen Prozentsatz der dem Atom abgerungenen Energie unmittelbar wieder dafür einsetzen müssen, die Menschheit, das ganze Leben auf unserer Erde und unseren ganzen blauen Planeten vor den tückischen, radioaktiven Abfällen zu schützen. Wir können es uns nicht leisten, daß das Atom auch in ferner Zukunft nicht unser Freund bleibt, sondern vielleicht zu unserem Feinde würde.

9 Mensch und Energie

Der in den letzten Jahrzehnten immer fühlbarer werdende Bevölkerungsdruck lastet vielen nachdenklichen Menschen schwer auf der Seele. Da es uns Menschen bis heute noch so recht und schlecht gelungen ist, die nahezu vier Milliarden Bewohner unseres Planeten ohne größere Hungerkatastrophen zu ernähren, ist es eigentlich nur die langsam immer unerträglichere Verschmutzung unserer Umwelt, die auf den Ernst der kommenden Probleme hinweist. Vor allem unter den Wissenschaftlern – Naturwissenschaftlern und auch Geisteswissenschaftlern – herrscht doch schon ein gewisser Alarmzustand, wenn von der näheren oder ferneren Zukunft die Rede ist. Ja es gibt sogar einen neuen Wissenschaftszweig, den verantwortliche Forscher schon seit einigen Jahren gegründet und auch bekanntgemacht haben: die Futurologie, das heißt die Wissenschaft über die Zustände in der Zukunft. Es ist keineswegs so, daß die Wissenschaftler blind in das Chaos rennen. Viele machen sich Gedanken darüber und sinnen auf rechtzeitige Abhilfe. Lediglich die große Öffentlichkeit lebt noch im Traumzustand einer immer besser werdenden Zukunft, die sich beherrschen und durch stetes Wachstum unserer Produktion immer reicher gestalten ließe. Eines aber haben wir bereits gesehen: So wie bisher kann es wohl nicht weitergehen. Jede fundamentale Änderung in den Gewohnheiten großer Menschengruppen oder gar der ganzen Menschheit jedoch bedarf einer Einsicht der großen Öffentlichkeit in das Wesen der Dinge. Vor allem, wenn wir als Menschheit die Probleme der Zukunft friedlich meistern wollen, dann müssen wir, so weit es möglich ist, die Lösung mit den Mitteln der freiheitlichen Demokratie suchen. Benjamin Franklin, einer der Väter der amerikanischen Demokratie, hat gesagt:
»Demokratie und Freiheit können nur von einer aufgeklärten Öffentlichkeit garantiert werden.«
Die wichtigste Aufgabe der Futurologie besteht darin, richtige Voraussagen zu machen. Viele glauben, daß das lediglich eine Kunst sei; es ist aber eine Wissenschaft. Wenn man auf wissenschaftlicher Basis Prophezeiungen machen will, so muß man sich darüber im klaren sein, daß es dabei deutlich verschiedene Grade der Verläßlichkeit gibt.
Denken wir einmal daran, daß ein Wissenschaftler das Eintreten einer Sonnenfinsternis voraussagen kann. Da wir die Gesetze der Himmelsmechanik recht gut kennen, können Astronomen mit dem Rechenstift sehr genaue Voraussagungen machen. So war der Eintritt der zweitgrößten Sonnenfinsternis unseres Jahrhunderts – die vom 30. Juni 1973 – für jeden Punkt längs der Mondschattenbahn auf die Sekunde genau schon seit vielen Jahren bekannt. Diese Daten sind schon im vorigen Jahrhundert berechnet worden. Kunststück, wird da ein jeder sagen, denn die Bewegungen der Erde und des Mondes sind ja durch keinerlei Reibung getrübt, so daß in einer solchen

Voraussage eigentlich keine echte Prophetie steckt. Das ist auch richtig.

Eine zweite Art von Voraussagungen, die nicht ganz so präzise, aber dennoch auch erstaunlich verläßlich sind, beruhen auf dem berühmten Gesetz der großen Zahl. So kann man leicht errechnen, daß die Chance, beim Zahlenlotto »6 aus 49« sechs Richtige zu tippen, etwa 1:14 Millionen beträgt. Da in Deutschland allwöchentlich etwa 50 Millionen Spiele gespielt werden, so kann die Lotterieverwaltung voraussagen, daß im Schnitt jede Woche etwa drei große Gewinne vorkommen. Diese Voraussagungen sind freilich für eine einzelne, beliebig herausgegriffene Woche nicht bündig; es kommt vor, daß es keinen Gewinner gibt oder vielleicht sogar ein Dutzend. Im Schnitt jedoch hat die Lotterieverwaltung mit ihrer Voraussage recht, und gäbe es keine Verläßlichkeit der Gewinnchancen von Glücksspielen, so gäbe es schon längst keine Lotterien und keine Spielbanken mehr. Auf der gleichen Basis etwa auch beruht jene Voraussage über die mutmaßliche Bevölkerung der Erde im Jahr 2000, die wir schon mehrmals auf mindestens sieben Milliarden angesprochen haben. Diese Voraussagung beruht auch auf dem Gesetz der großen Zahl. Es gibt heute schon so viele Menschen auf der Erde, daß man ihr durchschnittliches Verhalten in der Zukunft aus der Vergangenheit recht verläßlich ableiten kann. Dazu gehören auch die Verhaltensweisen hinsichtlich des Kinderkriegens. Nur Großkatastrophen oder unwahrscheinliche tiefgreifende psychologische Veränderungen im Verhalten der gesamten Menschheit können am Ergebnis dieser Voraussage etwas ändern. Wir hoffen, daß Großkatastrophen nicht eintreffen werden, und sie sind glücklicherweise auch recht unwahrscheinlich, ebenso wie einschneidende Änderungen in der menschlichen Verhaltensweise. Deshalb können wir uns auf die Hochrechnungen zukünftiger Bevölkerungsziffern recht gut verlassen.

Nun gibt es noch eine dritte Art von Voraussagungen, die ebenfalls recht verläßlich sind. Es sind dies Prophezeiungen, die sich auf das Energieprinzip stützen. Unter allen Erkenntnissen über das Wesen der Natur steht mit seiner Wichtigkeit das Energieprinzip vielleicht an der Spitze. Es ist wohl das sicherste Erkenntnisgut des menschlichen Geistes. Voraussagungen über Vorgänge und Ereignisse, die dem Energieprinzip widersprechen, kann man bedenkenlos als falsch bezeichnen. Nur solche Ereignisse und Vorgänge, die das Energieprinzip nicht verletzen, sind möglich. Diese einfachen Überlegungen geben uns die Möglichkeit, über die nähere und vor allen Dingen auch die fernere Zukunft der Menschheit zu spekulieren, ohne uns ins Ungewisse zu verlieren. Die weitere Existenz der Menschheit und ihr Schicksal hängen einfach davon ab, inwieweit es ihr gelingt, für ihr Fortbestehen die nötige Energie zu beschaffen. Der Mensch nämlich ist ein Teil der Fauna und damit ein Energieverbraucher. Um zu leben, müssen wir essen und trinken, und der Energiegehalt unserer Nahrung ist größer als der Energiegehalt unserer Ausscheidungen. Damit das menschliche Leben überhaupt ablaufen kann, muß Energie verbraucht werden, welche der Umgebung entnommen werden muß. Mit allen Tieren teilt der Mensch die Eigenschaft, daß sein Leben von der Energiespanne zwischen Nahrung und Ausscheidung abhängt. Der Mensch unterscheidet sich dabei allerdings ganz deutlich von den Tieren. Praktisch alle Tiere nutzen nur jene Energie, die sie mit der Nahrung aufnehmen, wenn wir davon absehen, daß Schlangen und Eidechsen sich gelegentlich gern im Schein der Sonne wärmen oder daß Vögel in Aufwinden segeln. Als

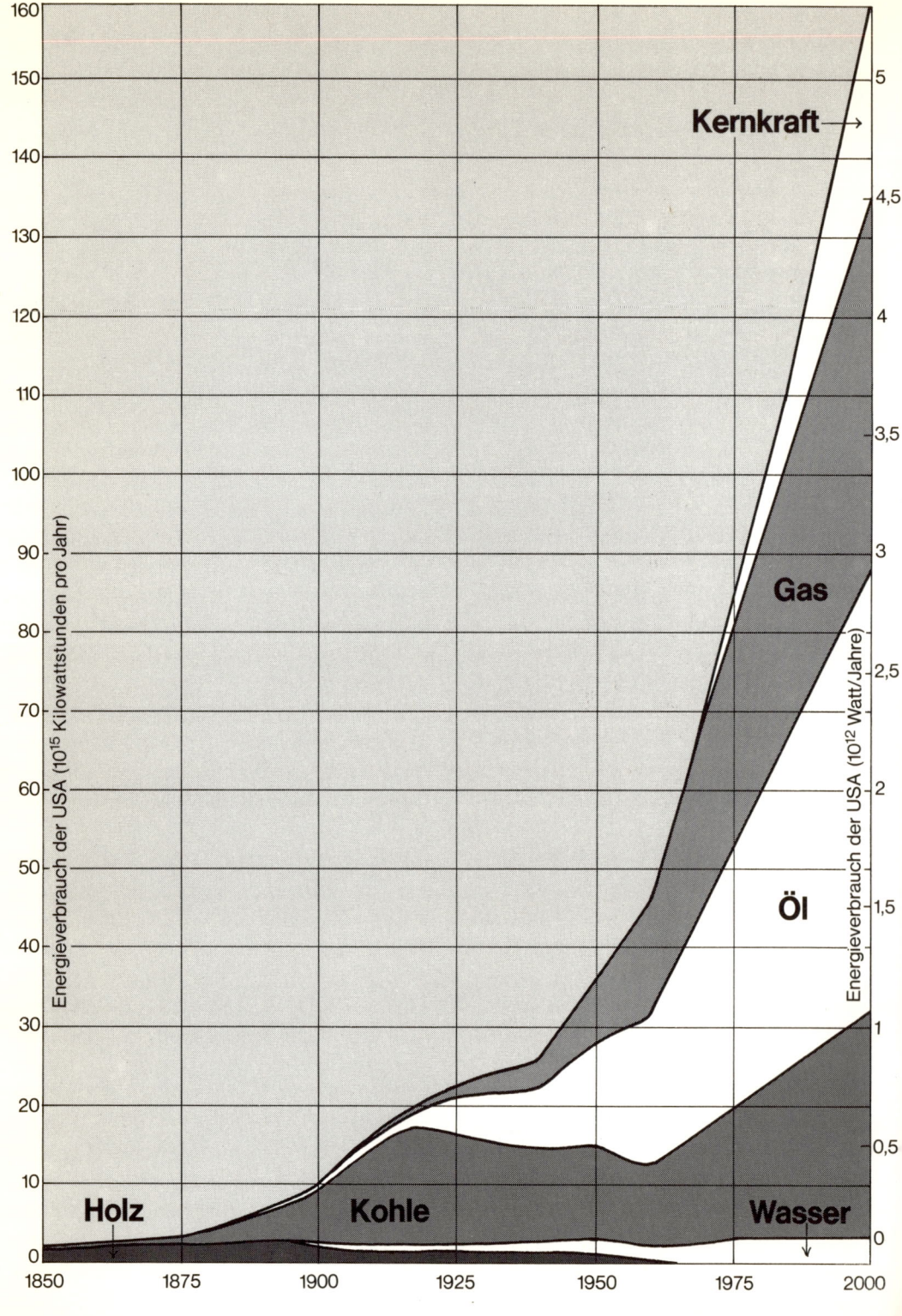

Prometheus dem Menschen die Fackel in die Hand drückte, wurde das völlig anders. Nun wurde außer der Nahrung zusätzlich Energie verbraucht, um das Leben des Menschen so typisch zu gestalten: Feuer zur Beleuchtung und Beheizung seiner Wohnstätten, Verbrauch von Energie zum Bau seiner Häuser und Straßen, Nutzung von Energie für Transport, Kommunikation, für seine Kultur, für die Entwicklung seiner Medizin und Wissenschaft und schließlich auch für seine Hobbys, vom Autorennen bis zur Weltraumfahrt. Die Quellen aller dieser Energien fand der Mensch in seiner Umwelt, indem er zunächst einmal Bäume fällte, ihr Holz verbrannte und mit Wasser und Wind seine Mühlen betrieb. Schon beim Verbrennen von Holz fing der übermäßige Verbrauch an, indem er nämlich pro Jahr mehr Holz verbrannte als in der gleichen Zeit nachwuchs. Vor ein- oder zweitausend Jahren gab es sehr viel mehr Wälder auf der Erde als heute.

Holz ist kein besonders guter Brennstoff, und so griff man nach der Kohle, dann nach dem Erdöl und nach dem Erdgas. Diese fossilen Energiequellen sind zwar ungeheuer groß, da die Natur ja auch Hunderte von Millionen Jahre Zeit gehabt hat, diese geduldig kilogramm- und literweise anzusammeln. Unsere Zivilisation mit ihrem Energiehunger hat aber schon große Löcher in diese Vorräte gerissen – Vorräte, die während der nächsten 1000 Jahre von der Natur nicht wieder ersetzt werden können. Da wir

Experten sind zu dem Schluß gekommen, daß sich in den letzten drei Jahrzehnten dieses Jahrhunderts der Energiebedarf der USA und damit der Zwang zur Energieerzeugung etwa verdreifachen wird. In der gleichen Zeit wird die Bevölkerung der USA nur etwa knapp um 50 Prozent ansteigen.

pro Jahr etwa so viel der fossilen Erdschätze verbrauchen, wie die Natur in einer Million Jahren herzustellen imstande ist, kann man freilich von Ersatz überhaupt nicht sprechen.

Wenn uns die Steilheit der Kurve, mit der die Bevölkerung unseres blauen Planeten nunmehr dauernd zunimmt, schon erschreckt, so sind Hochrechnungen für den zukünftigen Energiebedarf der Menschheit noch viel alarmierender. Die Energiebedarfskurve der Zukunft muß nämlich viel steiler sein als die Bevölkerungskurve, da ja der durchschnittliche Energieverbrauch eines jeden einzelnen Menschen – zumindest in den Industrieländern – in geradezu unglaublicher Weise anwächst. Das Beispiel, das ich jetzt dafür geben möchte, ist bestimmt nicht durch exakte Daten belegt, es kann jedoch nicht allzusehr von den tatsächlichen Verhältnissen abweichen. Mein jüngster Sohn ist heute, im Jahr 1973, vier Jahre alt. In seinem kurzen Leben hat er durch seine Reisen mit Autos, Flugzeugen und Schiffen anteilig vielleicht schon mehr Benzin verbraucht, als mein Vater in seinem ganzen Leben. Ich selbst, als Vertreter der Generation in der Mitte, habe während meines Lebens in Krieg und Frieden bestimmt schon so viel Benzin verfahren und verflogen, daß davon vor 50 Jahren wohl der Bedarf einer mittleren Kleinstadt für ein Jahr hätte gedeckt werden können. Es liegt auf der Hand, daß Hochrechnungen über den zukünftigen Bedarf der Menschheit nicht allzu verläßlich sind, da sie doch von einer großen Zahl von schwer übersehbaren Faktoren abhängen. Die große Unbekannte bei diesen Hochrechnungen ist das Tempo, mit dem die Industrialisierung der Entwicklungsländer in den nächsten Jahrzehnten fortschreiten wird. Vielleicht sollen wir bei unseren Voraussagen jenen sicheren Boden nicht verlassen, den uns eine statistisch weitgehendst erfaßte Industrienation, wie etwa die Vereinigten Staaten, anbieten. Experten sind zu dem Schluß gekommen, daß sich in den letzten 30 Jahren dieses Jahrhunderts der Energiebedarf der Vereinigten Staaten und damit der Zwang zur Energieerzeugung etwa verdreifachen wird. In der gleichen Zeit allerdings wird die Bevölkerung der Vereinigten Staaten nur etwa knapp um 50 Prozent ansteigen. Darin eben drückt sich aus, daß der Energieverbrauch des einzelnen steil ansteigen wird. Wo soll nun all diese Energie herkommen?

In einer kürzlichen Veröffentlichung ist das für den Energiebedarf und die Möglichkeiten der Energieproduktion der Vereinigten Staaten recht verläßlich hochgerechnet worden. Danach sind für 1970 folgende prozentuale Anteile an den Energiequellen angegeben worden: Erdöl und Erdgas 75,8 Prozent, Kohle 20,1 Prozent, Wasserkraft 3,8 Prozent, Atomkernenergie 0,3 Prozent. Bei der Verdreifachung der Energieerzeugung wird sich (siehe Grafik Seite 96) der Anteil von Kohle, Öl und Erdgas um einiges verringern, da die Zunahme in der Förderung der fossilen Brennstoffe absinken wird. Damit sind wir an einem kritischen Punkt unserer Betrachtung angelangt. Wenn wir heute über den Umfang der Vorräte an fossilen Brennstoffen in der Erdkruste noch streiten, so sind sich dennoch alle Experten darüber einig, daß uns spätestens etwa in 100 Jahren der Ofen ausgehen wird. Unserer eben genannten Grafik ist zu entnehmen, daß die fossilen Energievorräte der Erde, nämlich Kohle, Erdöl und Erdgas, auch noch im Jahr 2000 den Löwenanteil des Energiebedarfs der Vereinigten Staaten übernehmen müssen. Erfahrungen aus der Vergangenheit haben gezeigt, daß die übrige industrielle Welt dem Beispiel und den Entwicklungen der Vereinigten Staaten in etwa immer nachfolgt. Daraus ergeben sich ernst-

hafte Konsequenzen, die wir in der Grafik auf Seite 99 für das Beispiel des Erdöls zeigen wollen. Der untere Teil der Kurve zeigt die zukünftige Produktion von Erdöl, ausgedrückt in Milliarden Tonnen, während der nächsten 100 Jahre. Es sind zwei Kurven, die sich nur dadurch unterscheiden, daß eine Schätzung über den Vorrat an Erdöl unseres Planeten doppelt so optimistisch ist wie die andere. Diese beiden Kurven sind in vielerlei Hinsicht bemerkenswert. Sie sind von einer hinreißenden theoretischen Glätte und Symmetrie, wobei die Autoren offenbar der Meinung sind, daß uns der Vorrat an Erdöl im Laufe der nächsten 100 Jahre so glatt und mathematisch sauber zwischen den Fingern zerrinnt und genauso friedlich zu Ende geht, wie eine Kerze am Weihnachtsbaum verlöscht, die man am Silvesterabend noch einmal angezündet hat.

Wir wollen gar nicht davon sprechen, daß die Schätzungen von zwei Experten über den gesamten Schatz an Petroleum so weit auseinanderklaffen. Was uns an dieser Kurve interessiert, ist die Tatsache, daß beide etwa im Jahr 2075 – also in 100 Jahren – auf Null zurückgehen. Was sich an unglaublichen Problemen für das gesamte menschliche Leben in der Landwirtschaft, im Transportwesen und in der Industrie in den 50 Jahren nach Überschreiten der Spitze abspielen wird, ist in der mathematischen Eleganz dieser Kurven freilich nicht ausgedrückt. Es ist eigentlich erstaunlich, mit welcher Rücksichtslosigkeit die jetzt lebende Generation und vielleicht auch schon unsere Väter mit diesem unersetzlichen Kapital aasen und geaast haben. Die fossilen Brennstoffe sind gestaute Sonnenenergien, die sich im Lauf von Jahrmillionen aufsummiert haben. Um wieder eine Größenordnung zu nennen, verbrennen wir in jedem Jahr einen Betrag an diesen fossilen Brennstoffen, des-

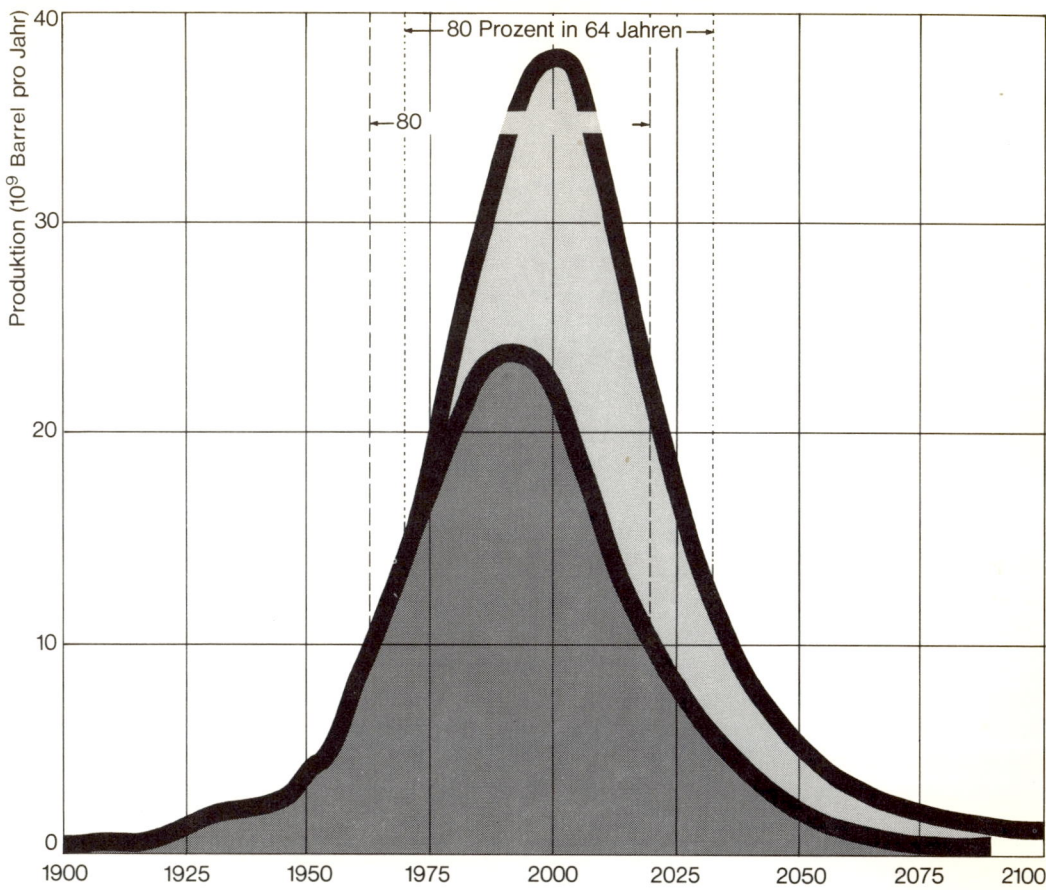

Geschätzte Produktion und damit Verbrauch der Ölvorräte der Erde. Die obere Kurve entspricht einer optimistischen Schätzung, die um 60 Prozent höher liegt als die pessimistische Schätzung (untere Kurve). In beiden Fällen jedoch wird uns das Erdöl in etwa 100 Jahren ausgehen.

sen Ansammlung in der geschichtlichen Vergangenheit der Erde etwa eine Million Jahre in Anspruch genommen hat. Das kann natürlich nicht so weitergehen, und wir hatten zuvor ja schon davon gesprochen, daß wir spätestens in der Mitte des nächsten Jahrhunderts vor leeren Kohlenhalden, leeren Ölfässern und leeren Gastanks stehen werden. Dieses Problem ist noch nicht einmal alles. Nicht nur handeln wir ohne jede Rücksicht auf unsere Enkel und Urenkel, die ja auch auf die Naturschätze unseres Planeten einen gewissen Anspruch haben; die Umwandlung dieser fossilen Brennstoffe sind eben unausweichlich mit einer Verbrennung und damit mit einer gefährlichen Verschmutzung unserer Umwelt verbunden. Bei den gewaltigen Mengen, die wir jedes Jahr verbrauchen, haben die Schmutzanteile den kritischen Grenzwert ein Gramm pro Tonne schon längst überschritten, und es kann eigentlich nur noch schlimmer werden.

Es sieht so aus, als ob sich die Vorräte an Erdgas in den nächsten 100 Jahren in ähnlich schneller Weise erschöpfen werden, lediglich die Kohle könnte uns noch etwas länger dienen. Jedoch, gemessen an der bisherigen Geschichte der Menschheit, die sich ja nach Jahrtausenden bemißt, kommt es auf ein paar Jahrzehnte oder auch auf ein Jahrhundert eigentlich gar nicht an. Wir stehen dem großen Problem gegenüber, was wir als Menschheit tun sollen, wenn wir – und zwar offenbar sehr bald – in Energienot geraten. Das ist ja genau das, was ich zu Beginn dieses Kapitels angedeutet habe. Voraussagen über die Zukunft sind verläßlich, wenn sie auf dem Energieprinzip beruhen. So können wir mit großer Sicherheit voraussagen, daß die Menschheit der ferneren Zukunft nur dann überleben kann, wenn ihr ausreichend Energiequellen zur Verfügung stehen werden. Das Thema »Mensch und Energie« ist daher offensichtlich eine Schicksalsfrage.

Wir glauben heute, das Wesen der Energie und ihrer Quellen gut genug zu kennen, um die Zukunft der Menschheit an ihnen ablesen zu können. So müssen wir uns in erster Linie fragen, weshalb wir uns eigentlich nicht der ursprünglichen und gleichzeitig auch der saubersten Energiequelle zuwenden: der Sonne. Die Instrumententräger, welche unseren Erdball umkreisen und die erfolgreich bis zu den Nachbarplaneten Mars und Venus geflogen sind, können ja nicht genug elektrische Energie in Form von Batterien mitnehmen. Trotzdem waren sie monatelang funktionstüchtig, weil sie mit der elegantesten Energie versorgt worden sind, nämlich mit dem Sonnenschein. Diese Energiequelle hat zwei unschätzbare Vorteile, indem sie nämlich keinerlei Abfälle hinterläßt und außerdem überhaupt nichts kostet. Wäre es nicht wunderbar, wenn wir unsere gesamten Energieansprüche aus dem Schein der Sonne beziehen würden?

Unglücklicherweise ist das bei den heutigen und vor allen Dingen bei den zukünftigen Energieansprüchen der Menschheit nicht möglich. Obwohl ungeheure Energiemengen täglich die Erde treffen, so gelingt es uns nicht, genügende Mengen davon für unsere eigenen Bedürfnisse einzufangen, zu speichern und zu nutzen. Dafür ist die mittlere Energiedichte der Sonnenstrahlung, die pro Minute auf jeden Quadratzentimeter der Erde fällt, viel zu dünn verteilt. Instrumententräger, die im Weltall 24 Stunden am Tag bestrahlt werden, können mit ihren Sonnenzellenträgern gerade genug Energie auffangen, um ihren auf ein Minimum reduzierten Bedarf zu befriedigen. Dabei kostet jeder dieser Sonnenzellenflügel in seiner Herstellung Hunderttausende von Mark. Bei den Energieansprüchen der Menschheit können wir uns so etwas überhaupt nicht leisten.

Energiewissenschaftler haben Sonnenöfen konstruiert, mit denen man kochen kann. Heizingenieure haben interessante Systeme entwickelt, wonach die Sonnenenergie, die auf das Dach eines Hauses fällt, umgewandelt, gespeichert und dann gelenkt wieder abgegeben wird, so daß die Heizung des Hauses – und im Sommer der Energiebedarf für seine Kühlung – davon bestritten werden kann. Solche Einrichtungen jedoch sind noch so kompliziert, daß sie genausoviel kosten wie das ganze Haus. Wer will schon heute, da ihm eben noch andere Energiequellen in der Form von Gas und Öl zur Verfügung stehen, sein Haus nicht mit einem Hundertstel der Kosten heizen oder kühlen?

Kürzlich haben amerikanische Weltraumwissenschaftler interessante Entwürfe vorgelegt, Sonnenenergie in größerem Maßstab durch Satelliten aufzufangen und zur Erde herunter zu funken. So reizvoll diese Pläne sich anhören, so sieht es bestimmt nicht so aus, als ob damit der Energiebedarf für die Milliarden der Zukunft auch nur annähernd gedeckt werden könnte. Die direkte Nutzung der Sonnenenergie ist und bleibt in unserer Energiewirtschaft wohl immer nur eine Arabeske.

Leider ist die Sonnenenergie so dünn verteilt, daß jede Anlage, sie zu der Produktion von einigen Megawatt elektrischer Energie zu konzentrieren, zu kostspielig wird. Und da ist die Menschheit natürlich wieder den leichtesten Weg gegangen: Warum soll man kostspielige Sonnenkraftwerke bauen, wenn doch die Kohle und das Öl heute noch so billig sind?

Auch an die klassische Kraft des Windes könnte man denken, dessen Energie auch nichts kostet und völlig verschmutzungsfrei ist. Auch hat man schon begonnen, die Energie der Gezeiten anzuzapfen, da Ebbe und Flut uns an jedem Küstenort der Erde – freilich mit sehr mäßigen Höhenunterschieden – eine Höhendifferenz von gewaltigen Wassermassen schaffen. Es wäre also sehr schön, wenn es uns in Zukunft gelänge, den Verbrauch der fossilen Brennstoffe Kohle, Öl und Erdgas einzuschränken und uns auf die sauberen Energien, Sonnenenergie, Wasserkraft, Winde und Gezeiten einzurichten.

Um die Sonnenenergie nutzen zu können, muß sie konzentriert und gespeichert werden, da sie als reiner Energiestrom zu dünn fließt. Hinzu kommt, daß auch diese Quelle auf die Dauer nur in den Subtropen verläßlich ist, während in den Hochtropen, in der gemäßigten und der arktischen Zone die Sonne einfach nicht oft genug scheint. Das ist es ja auch, was wir gemacht haben: Wir nutzen durch die Verbrennung von Kohle, Öl und Erdgas fossile Sonnenenergie, welche die Erde schon vor Jahrmillionen getroffen hat. Dort hat sie sich gelagert und aufgestaut. Allerdings verbrennen wir pro Jahr viel mehr an diesen aufgestauten Sonnenenergien, als uns die Sonne pro Jahr durch diese Prozesse der Erzeugung von Holz, Kohle, Erdöl und Erdgas jemals wieder

nachliefern kann. Wir leben also nicht von den Zinsen, sondern vom Kapital der Sonnenenergie.

Die einzige Ausnahme ist die Wasserenergie. Ein Staudamm mit Milliarden von Tonnen Wasser hinter sich ist ja ein besonders eleganter Energiespeicher von Sonnenenergien. Er sammelt verdunstetes Wasser, das die Sonne in die Höhe gehoben hat; wenn wir dann dieses Wasser durch ein Rohr herabfallen lassen und über Turbinenschaufeln leiten, so können wir daraus elektrische Energie gewinnen, und das Wasser, das am unteren Ende der Turbinen herausprudelt, ist genau so sauber und klar wie das Wasser, das man oben hineingeleitet hat. Das heißt: Wasserkraft ist verschmutzungsfrei. Hinzu kommt, daß große Dämme und künstliche Seen, die sich hinter ihnen aufstauen, fast in allen Fällen die Landschaft sogar schöner und interessanter machen. Die größten künstlichen Seen der Welt in Arizona, in Rhodesien, in Indien und in Utah haben eigentlich kaum jemandem geschadet. Beim Assuan-Damm in Ägypten freilich mußte man ganze Dörfer umsiedeln und in Kauf nehmen, daß unersetzliche Baudenkmäler aus dem alten Ägypten entweder überschwemmt wurden oder an anderen Stellen neu aufgebaut werden mußten.

Eine vielleicht übertriebene Sorge des Umweltschutzes allerdings besteht darin, daß man vor Erdbeben warnt, welche durch Seen dieser Art nachweislich erzeugt werden. Man darf ja nicht vergessen, daß sich die Erdkruste in ihren obersten Schichten in einem delikaten Gleichgewicht befindet, das sich in der Anordnung ihrer größten Erdschollen dauernd neu ausbalanciert. Die dabei frei werdenden Kräfte äußern sich als Erdbeben. Wenn wir Menschen dann durch einen Damm einen künstlichen See schaffen, der 20, 50 oder vielleicht sogar 150 Milliarden Tonnen Wasser enthält, so bringen wir

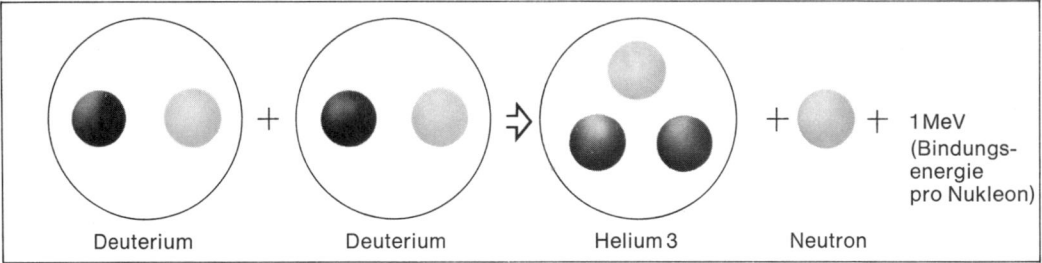

| Deuterium | Deuterium | Helium 3 | Neutron |

Die Verschmelzung zweier schwerer Wasserstoffkerne (Deuterium) bildet das leichte Helium-Isotop He-3. Dabei wird pro Elementarprozeß die Bindungsenergie von einer Million Elektronen-Volt frei. Deuterium und Tritium bilden Helium 4 unter Freigabe von 17,6 Millionen Elektronen-Volt. Ein freies Neutron wird jeweils frei.

dieses delikate Gleichgewicht der Erdschollen etwas durcheinander. Es ist genau so, als wenn man auf den Dielen eines Holzbodens ein Klavier abstellt. Dann knackt es auch etwas im Gebälk. Besorgte Umweltforscher haben auf Erdbeben hingewiesen, die mit steigender Häufigkeit in Indien nach dem Bau des Koyna-Dammes, in Rhodesien beim Kariba-Damm, in Griechenland beim Kremasta-Damm und auch beim großen Boulder-Damm des Colorado-Flusses in Arizona auftraten. Mir will scheinen, daß durch diese Erdbeben zwar schon einiger Materialschaden entstanden ist; wenn jedoch Menschenopfer zu beklagen sind, die ursächlich auf die Konstruktion dieser Dämme zurückzuführen sind, so betragen diese insgesamt nur einen geringen Prozentsatz der Opfer, die auf der ganzen Welt wöchentlich auf den Autobahnen sterben müssen. Hinzu kommt, daß ohne die steigende Energieproduktion ja auch wieder ungezählte Menschen Hungers sterben müßten.

Leider ist die Wasserkraft als Quelle elektrischer Energie für die Bedürfnisse der Super-

population unseres Planeten bei weitem nicht ausreichend. Selbst den Vereinigten Staaten, welche den Bau von riesigen Staudämmen schon seit Anfang des Jahrhunderts in der Form großer Pioniertaten durchgeführt haben, ist es lediglich gelungen, bis zum Jahr 1970 nur knapp vier Prozent ihres Energiebedarfes aus der Wasserkraft zu decken. Dabei konnten die amerikanischen Wasserbauingenieure mit der großartigen Geographie ihres Landes operieren. Wenn wir von glücklichen Nationen wie Norwegen oder der Schweiz absehen, so besteht nur eine geringe Hoffnung für die übrigen Länder der Welt, sich mit Wasserkraft allein zu versorgen. Es wäre natürlich wunderschön, wenn wir Menschen uns mit unserem Energiebedarf in dieses goldene Gleichgewicht der Natur einschalten könnten. Die Stauseen hinter unseren Dämmen werden doch jedes Jahr wieder gefüllt; gewiß, manchmal mehr und manchmal weniger. Heute und noch eine ganze Zeit in der Zukunft jedoch müssen wir unseren Energiebedarf aus anderen Quellen decken. Wie wir gesehen haben, führt das zu immer massiver werdenden Verbrennungsrückständen, deren Beseitigung uns heute schon viel Sorgen macht. Auch wird es nicht mehr lange dauern, bis der letzte Kohlenbunker und das letzte Ölfaß leer sein werden.

Eine weitere, überaus reizvolle Möglichkeit zur Energiegewinnung steckt im Innern unseres eigenen Planeten: die Erdwärme. Die Erde ist als Ganze ja sehr heiß, und schon

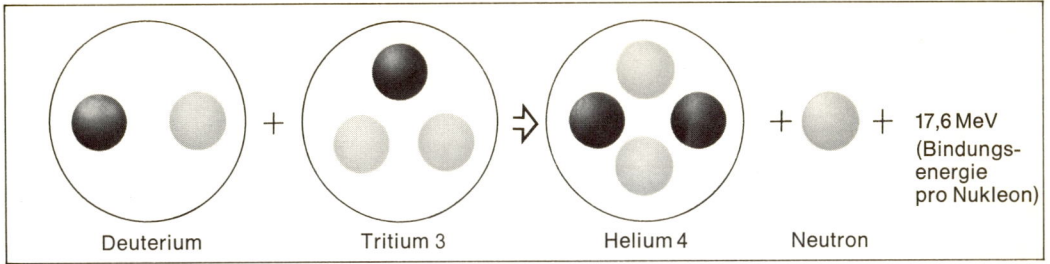

| Deuterium | Tritium 3 | Helium 4 | Neutron | 17,6 MeV (Bindungsenergie pro Nukleon) |

wenige Kilometer unter unseren Füßen herrschen Temperaturen von Tausenden von Graden. Man glaubt heute zu wissen, daß diese Temperaturen aufrechterhalten werden durch die Energieerzeugung radioaktiver Substanzen, die in den oberen Erdschichten dicht angereichert sind. Die Erdkruste selbst ist ein so vorzüglicher Wärmeisolator, daß im Laufe der Jahrmillionen mehr Wärme erzeugt wird, als die Erdkruste durchläßt. Die Temperatur im Erdinnern nimmt daher in Zukunft auch noch eher zu als ab. Für die Bedürfnisse der Menschheit steckt darin eine nahezu unerschöpfliche Energiequelle. Erdbeben, die Tätigkeit der Vulkane und heiße Quellen zeugen ja von diesen Energien. Nur an wenigen Stellen auf der Erde hat man – in Italien und in Island – diese Energien als heißes Wasser, Dampf oder gar als Kraftwerke nutzbar machen können. Die Technik unserer Enkel und Urenkel wird sich bestimmt dereinst dieser wichtigen Quelle bedienen müssen, um den Energiebedarf ihrer eigenen Jahrhunderte befriedigen zu können.

Wie nun steht es mit der berühmten Atomenergie, die wir zuvor schon in einem eigenen Kapitel besprochen haben? Dort hatten wir uns in der Hauptsache damit beschäftigt, wie es mit den Verschmutzungsgefahren für unsere Erde bei der Anwendung der Kerntechnik steht. Jetzt wollen wir einmal – ähnlich wie wir es für die Vorräte an Kohle, Erdöl und Erdgas getan haben – nach den Energievorräten fragen, welche unser Planet

für uns in dieser Hinsicht bereitgestellt hat. Es dreht sich dabei um zwei recht seltene Stoffe, nämlich um das Schwermetall Uran und um das Leichtmetall Lithium. Auch diese Rohstoffe sind ihrer Natur nach »fossil« – zum Teil schon genutzt und zum Teil in der Zukunft nutzbar. Aber auch diese sind erschöpflich. Auch für diese Rohstoffe gibt es Kurven von der Art, wie wir sie auf Seite 99 für das Erdöl zeigen. Bei solchen Kurven übrigens wird oft von Produktion gesprochen, genauso als ob wir Menschen diese Stoffe herstellten. In Wirklichkeit sollte man zumindest von Förderung, besser sogar noch von Abbau oder sogar von Raubbau reden.

Heute schon gibt es Kraftwerke, die mit Uran als Rohstoff betrieben werden. Die Atomkerne einer bestimmten Uransorte nämlich sind – wie der Physiker sagt – spaltbar und können in einer gesteuerten Kettenreaktion Energie abgeben. Es dreht sich dabei um eine Energiequelle, deren Existenz die Physiker zwar schon seit Beginn unseres Jahrhunderts ahnten, jedoch erst seit der Entdeckung der Kernspaltung durch die deutschen Chemiker Otto Hahn und Fritz Strassmann im Jahr 1939 nutzbar machen konnten. Gewichtsmäßig verglichen ist eine Tonne Uran als Energiequelle einer Tonne Kohle um solche Beträge überlegen, daß man glaubte, alle Energiesorgen für die Zukunft los zu sein. In Wirklichkeit ist Uran ein recht seltener Stoff, so daß wir selbst heute schon, 30 Jahre nach Beginn des

Atomzeitalters, das Ende sehen, ähnlich wie bei den anderen Naturschätzen, wie Kohle, Öl und Erdgas. Freilich kann man durch die sogenannten Brüterreaktoren die Vorräte noch um ein gewaltiges strecken. Wir wollen an dieser Stelle überhaupt keine Rechenschaft ablegen, wie viele Jahrzehnte oder vielleicht sogar Jahrhunderte sich der Energiebedarf der Menschheit durch solche Entwicklungen noch ausdehnen läßt. Da es sich jedoch auch beim Uran um Vorräte in der Erdkruste handelt, so sind auch diese erschöpflich.

Nun kommen wir zur der Urkraft der Natur: zu der Kernverschmelzung. Es ist dies die Quelle, aus der auch die Sonne schon seit Jahrmilliarden ihre stets fließende Strahlungsenergie schöpft. Im wesentlichen gibt es zwei Prozesse, denen wir vielleicht bei entsprechender Beherrschung in Zukunft große Energien entnehmen können. Bei hohen Temperaturen können Wasserstoffatomkerne zu Helium verschmolzen werden. Dabei dreht es sich nicht um gewöhnlichen Wasserstoff, sondern um den sogenannten schweren oder überschweren Wasserstoff, mit Atomen, die doppelt oder dreimal so schwer sind wie der normale Wasserstoff. Diese Wasserstoffarten haben auch entsprechende Namen, nämlich Deuterium und Tritium. Zur Verschmelzung von Wasserstoffatomen benötigen wir allerdings eine Temperatur von Millionen von Grad. Auch wissen wir, daß die Verschmelzung eines Deuteriums und eines Tritiumatoms wesentlich leichter zu bewerkstelligen ist als die Verschmelzung zweier Deuteriumatome. Tritium allerdings hat zwei große Nachteile: 1. Es ist hochgradig radioaktiv und damit ein gefährliches Element der Verschmutzung. 2. Es kommt in der Natur nur in so geringem Ausmaß vor, daß man es aus dem nächst schwereren chemischen Element künstlich herstellen muß, nämlich aus dem Leichtmetall Lithium. Damit sind wir wieder bei dem Problem angelangt, daß die Vorräte von Lithium in der Erdkruste beschränkt sind. Selbst wenn der Menschheit die Gewinnung von Energie aus der Verschmelzung von Deuterium und Tritium gelänge, so sitzen wir wieder auf dem Problem, daß die Tritiumquelle Lithium nicht unerschöpflich ist. Zusammen mit Kohle, Erdöl und Erdgas gehören demnach auch Uran und Lithium zu den Energiequellen, welche die Menschheit bei ihrem riesigen Bedarf in wenigen Jahrhunderten erschöpfen wird.

Anders jedoch steht es mit der Energieerzeugung aus der Verschmelzung von zwei schweren Wasserstoffkernen Deuterium. Schwerer Wasserstoff kommt zwar nur als geringer Bruchteil des normalen Wasserstoffs vor; in jeder Tonne Wasser befinden sich davon nur etwa 34 Gramm. Die Energie, die sich jedoch bei der Verschmelzung zweier Deuteriumatome gewinnen läßt, ist ungeheuer groß. Wenn wir dem Ozean nur ein Prozent seines Deuteriumgehalts entzögen, so könnte man daraus eine Energie gewinnen, die 500 000mal größer ist als alle Energien in sämtlichen fossilen Brennstoffen, wie Kohle, Öl, Erdgas, Uran und Lithium.

Die fossilen Brennstoffe sind erschöpflich, auch wenn sie uns, mit Sorgfalt behandelt, noch ein oder zwei Jahrhunderte helfen können. Gleichzeitig aber auch ist ihre Umwandlung in brauchbare Energie mit einer Verschmutzung der Umwelt verbunden. Jetzt kann man einsehen, wieso man das Schicksal der Menschheit jenseits des Jahres 2100 oder sogar bis ins dritte Jahrtausend mit einer gewissen Sicherheit voraussagen kann. In nicht allzuferner Zukunft muß die Menschheit ihr Leben durch Energiequellen absichern, die entweder – wie die Sonnenenergie – dauernd fließen oder – wie die

Sonnensegel in einer Erdumlaufbahn könnten Sonnenstrahlung einfangen und, in elektrische Energie umgewandelt, zur Erde herunterfunken. Diese teuren und auch anfälligen Geräte könnten allerdings nur einen Bruchteil des zukünftigen Energiebedarfs der Menschheit decken.

Deuteriummenge in unserem Weltmeer –, gemessen an der Lebenserwartung der Menschheit, praktisch unerschöpflich sind. Dann brauchen wir uns auch über alle anderen Probleme der Menschheit weiter keine Gedanken zu machen.

Alles in allem steht der Menschheit so oder so mit ihrem Energiebedarf in der Zukunft ein schweres Problem ins Haus. Betrachten wir uns noch einmal die Grafik auf Seite 96, die zeigt, daß sich der Energiebedarf der Vereinigten Staaten – als Beispiel für Industrienationen – bis zum Jahr 2000 fast verdreifachen wird. Der prozentuale Anteil von Kohle, Öl und Erdgas wird sich dabei um einiges verringern, da die Förderung dieser fossilen Naturschätze sich nicht entsprechend wird steigern lassen.

Den sehr stark wachsenden Bedarf jedoch glaubt man nur mit einer enormen Steigerung der Kernenergie decken zu können. Der Prozentsatz der Energieerzeugung durch Wasserkraft wird bis dahin auf etwa die Hälfte absinken. Energiegewinnung durch Nutzung der Erdwärme, der Gezeitenkräfte und der Sonnenenergie wird auch dann noch so klein sein, daß sie als Prozentsätze in dieser Aufstellung überhaupt nicht auftreten. Wenn schon das technisch am meisten fortgeschrittene Land, die Vereinigten Staaten, in den nächsten 30 Jahren noch den Löwenanteil ihres Energiebedarfs aus den fossilen Energiequellen schöpfen wird, was sollen denn dann die Entwicklungsländer machen? Kohle, Öl und Erdgas sind heute eben noch mit Abstand die billigsten Energiequellen, und darauf stürzt sich ein jeder – reich oder arm –, um seinen dringendsten Bedarf zu decken. Es sieht also nicht so aus, als ob wir in den nächsten Jahrzehnten zu einem Ende des Raubbaus dieser unersetzlichen Naturschätze kämen und daß damit auch die Verschmutzung unseres blauen Planeten abnähme. Auch die sozialistischen Länder sind überhaupt nicht darauf eingerichtet, die Wirtschaftlichkeit ihrer Energieproduktion dadurch entscheidend zu schmälern, daß sie erhebliche Anteile ihrer gewonnenen Energie für die Beseitigung der Abfälle aufwenden. Es ist also unser Eigennutz, der uns das Leben letzten Endes immer weniger lebenswert macht. An dem Naturgesetz, das wir als die Toleranzgrenze der Verschmutzung erkannt haben, kommen wir offenbar nicht vorbei. Schon heute sind wir zu viele Menschen auf der Erde, denn wir können uns ja gerade knapp ernähren. Umgekehrt aber strebt doch jeder Mensch nach Fortschritt und nach Verbesserung seines persönlichen Schicksals. Ohne Steigerung der Energieproduktion geht das nicht, da eben immer mehr Energie benötigt wird, um Ernährung und Güter für die Menschheit bereitzustellen. Die klassischen Energiequellen werden in spätestens 50 bis 100 Jahren erschöpft sein; die Entwicklung neuer Energiequellen, die sauber sind und sich selbst immer wieder regenerieren, ist uns heute einfach zu teuer. Die Entwick-

lungsländer scheuen diese zusätzlichen Ausgaben eigentlich noch mehr als die klassischen Industrieländer. Genau so wie die westliche Welt es seit fast 100 Jahren rücksichtslos getrieben hat, wollen auch die Entwicklungsländer ihre Energieansprüche nach dem Motto »heute, viel und billig« erfüllt sehen. So etwas kann man natürlich nur machen, wenn man weiterhin das Kapital verzehrt. Wenn man nicht auf das Übermorgen zu achten hat, dann kann man es sich ja leisten, Kühe zu schlachten, statt sich mit ihrer Milch zu ernähren. Die Dinge sehen nicht so gut aus, wie eine Reihe von Energieexperten uns glauben machen will. Auch die Kernenergie ist – zumindest heute – noch nicht das Allheilmittel. Die unmittelbare Nutzung spaltbaren Urans gleicht dem Verbrauch von Kohle und Öl. Soviel Uran gibt es nämlich gar nicht auf unserer Erde, als daß wir damit unbeschränkt wirtschaften könnten. Mit den sogenannten Brüterreaktoren können wir die Decke sogar fast um das Hundertfache strecken; dann aber haben wir das Problem eines vielleicht auch hundertfach so großen radioaktiven Abfalls. So bleibt nur noch die Urkraft der Natur: die Verschmelzung von Atomkernen. Dieser Fusions-Energie verdankt ja die Sonne ihr langes energiereiches Leben. Diese Prozesse sind zwar auch nicht ganz so abfallarm, wie von vielen behauptet wird. So oder so wird das ekelhafte radioaktive Gas Tritium sich nicht völlig beherrschen lassen, und der dichte Neutronenstrom im Innern eines Fusionsreaktors macht alle anderen Substanzen in seiner Umgebung auf die Dauer eben doch ziemlich unangenehm radioaktiv.
Nur die Verschmelzung von Deuterium mit Deuterium würde uns eben jene idealste Energiequelle für die ferne und fernste Zukunft anbieten. Dann freilich werden wir hoffentlich genug Energie haben, die uns auch bis in die fernste Zukunft versorgen

wird. Vermutlich bleibt dann auch noch genug davon übrig, damit wir den radioaktiven Müll mit Raumschiffen in die Sonne werfen können. Leider ist es uns noch nicht geglückt, diese Zauberformel der Energiegewinnung zu finden. Ich glaube, daß es letzten Endes doch möglich sein wird. Inzwischen jedoch tun wir so, als ob wir den Schlüssel für diese Schatztruhe der Energie bereits in der Hand hätten; denn sonst könnten wir es uns überhaupt nicht leisten, der Erde jene unersetzlichen Naturschätze Kohle, Öl und Erdgas rücksichtslos aus dem Leibe zu reißen. Das geschieht durch die alten Industrienationen genauso wie durch die neuen Entwicklungsländer, und es sieht so aus, als ob sich das in der nächsten Generation noch verschlimmern würde. Wegen der fundamentalen Einfachheit des Energieprinzips lassen sich an ihm die Bedürfnisse der Menschheit in der Zukunft wohl am einfachsten ablesen, und es sind wohl auch Betrachtungen gerade dieser Art, welche die These von Aldous Huxley, die wir dem ganzen Buch vorangestellt haben, erhärten. Mit den letzten drei Themen möchte ich daher wieder zu diesem Kernproblem zurückkehren. Heute, da jeder weiß, daß es schon viel zu viele Besatzungsmitglieder auf unserem Raumschiff Erde gibt, müssen wir uralte Vorstellungen und überlieferte Traditionen über die menschliche Vermehrung mit völlig neuen Augen sehen lernen.

10 »Seid fruchtbar und mehret euch«

Neben Skispringen ist Wellenreiten wohl der Sport, der den größten persönlichen Mut erfordert. Man muß diesen Sport einmal an den Küsten seines Ursprungslandes gesehen haben, um seine Faszination zu begreifen. Früher habe ich mich oft darüber gewundert, weshalb Wellenreiten mit einem »Surfboard«, das in Kalifornien, in Hawaii und Australien so beliebt ist, an den deutschen Küsten kaum ausgeübt wird. Als ich dann Anfang der fünfziger Jahre nach Kalifornien umsiedelte und diesen Sport zum ersten Mal an Ort und Stelle beobachten konnte, ging mir auch sofort auf, weshalb die Ost- und die Nordsee sich dafür nicht eignen. Die Brandung hat einfach nicht die für diesen Sport erforderliche Höhe und Regelmäßigkeit. Es liegt an der Größe der Wogen, die nur ein Weltmeer mit einer Ausdehnung von Tausenden ungestörter Kilometer von Wasser erzeugen kann. Es ist typisch für die pazifische Brandung, daß die Wellen im Abstand oft bis zu einer Minute und einer Entfernung von bis zu einem halben Kilometer aufeinanderfolgen. Diese türmen sich dann freilich bis zu sechs oder acht Meter hoch auf und laufen mit einer solchen Regelmäßigkeit auf den Strand, daß eine einzelne Woge sich längs einer Strecke von einem Kilometer oder mehr am Strand fast gleichzeitig bricht. Für die Erzeugung einer solchen Brandung sind die Nordsee und mehr noch die Ostsee viel zu klein.

Als ich einmal in etwas nachdenklicher Stimmung am Strand von Santa Monica in Südkalifornien lag und die Brandung beobachtete, fiel mir eine treffende Parabel ein. Die Kulturgeschichte der Menschheit gleicht in erstaunlicher Weise der Lebensgeschichte einer großen Welle im offenen Ozean. Wenn man nämlich die Brandung des Weltmeeres beobachtet, so möchte man glauben, daß die Wellen, die sich am Strand brechen, vielleicht knapp ein paar 100 Meter vor der Küste entstehen. Das ist jedoch keineswegs der Fall. Jede Welle, die sich am Strand eines unserer großen Ozeane bricht, hat eine lange Geschichte. Bis zu 24 Stunden lang ist eine solche Welle unterwegs. Von Minute zu Minute, ja sogar von Stunde zu Stunde bleibt sie im wesentlichen immer gleich, und dieser Rhythmus läßt sich mit den mehr als 1000 Generationen der Menschheit vergleichen, mit denen wir das bisherige Alter der Kulturgeschichte wohl messen müssen. Etwa 1000 Generationen Kulturgeschichte liegen schon hinter uns, wenn wir den Beginn der Kultur bei jenen Höhlenmenschen suchen, die zuerst einen Stein als Werkzeug in die Hand nahmen und sich mit einer primitiven Sprache miteinander verständigten. Nicht sehr viel hat sich während dieser mehr als Tausenden von Generationen geändert, genauso wie die Welle in der Dünung des Weltmeeres fortschreitet. Gelegentlich türmt sie sich ein wenig auf und bricht sich vielleicht auch einmal in ihrer Spitze. Kommt ein neuer Sturm, so bildet sich vielleicht auch eine Schaumkrone oder Gischt. Aber schon nach wenigen Schwingungen hat die Welle wieder in ihre alte Form zurückgefunden, und mit einem völlig vorausschaubarem Rhythmus wandert sie weiter fort, von Schwingung zu Schwingung und von Generation zu Generation.

Dann, nach stundenlanger Reise, nähert sich die Woge dem Land. Die walzenförmige, rhythmische Drehung der Welle faßt plötzlich Grund an, da die Meerestiefe nun nur noch 20 Meter beträgt. Langsam, aber unaufhaltsam beginnt die kilometerlange Woge sich ein wenig aufzutürmen, da die Reibung am Boden ihren Fortschritt immer mehr hemmt; ihr Kamm wird etwas steiler und spitzer, und wenn man ganz tief am Strand sitzt, kann man in das Wasser wie in eine Wand aus grünem Glas hineinschauen. Mehr und mehr verliert nun die Welle an Tiefgang, da das Wasser immer flacher wird. Dann schließlich stolpert die Welle. Hunderttausende von Tonnen Wasser haben plötzlich nur leere Luft vor sich; in einem gewaltigen Kreisbogen stürzen sie nach vorn, und der Donner der brechenden Welle ist kilometerweit zu hören. Die gesamte aufgestaute Energie der Welle entlädt sich binnen weniger Sekunden, und über eine Fläche von 100, 200 Meter Breite schießt turbulentes Wasser den Strand hinauf, zischend, bedeckt mit Milliarden von weißen Luftblasen. Nach 24 Stunden gleichförmigen Ablaufs in der Dünung des Weltmeeres hat sich innerhalb von knapp einer Minute ein dramatisches Finale aufgebaut, das dann in etwa 20 Sekunden tosend zu Ende ging.

Nach nun fast 1000 Generationen Kulturgeschichte der Menschheit werden wir heute, in der 999. Generation, von der Spitze des grünen Wasserberges langsam hoch getragen, der Kamm brodelt bereits, und wir können voraussehen, daß spätestens in der nächsten Generation die Welle sich brechen wird. Sie wird die Menschheit mitreißen in einer gewaltigen Explosion, endend in einem

völlig unberechenbaren turbulenten Kraftfeld von unvorstellbaren chaotischen Gewalten.

Immer wieder haben Historiker behauptet, daß die Geschichte sich letzten Endes wiederhole; andererseits hat noch jeder nachdenkliche Mensch schon seit Tausenden von Jahren in seiner eigenen Ära eine Zeitenwende erblickt. In Wirklichkeit war es nur eine Phase der Dünung, und dann ging es wieder Jahrhunderte, ja Jahrtausende im alten Rhythmus weiter. Die naturwissenschaftlich-industrielle Revolution jedoch, die Mitte des vorigen Jahrhunderts begann, ist wirklich etwas völlig Neues. Das kann man ja auch an der berühmtesten Entwicklungskurve in der Menschheitsgeschichte ablesen: an der Weltbevölkerung als Funktion der Zeit, die wir schon in einem der vorangegangenen Kapitel beschrieben haben.

Wer schon einmal auf einem Surfboard auf die nächste geeignete Welle gewartet hat, um mit ihr Hunderte von Metern weit auf den Strand loszuschießen, kann abschätzen, wie treffend dieser Vergleich ist. Den meisten von uns ist in den Jahrzehnten bis zur Mitte dieses Jahrhunderts entgangen, mit welcher Geschwindigkeit sich die Woge der Erdbevölkerung hochzutürmen begann, daß – genauso wie bei einer großen Woge im Pazifik – in kurzer Zeit etwas ganz Entscheidendes passieren muß. Es hat sich auf der Erde eine Superbevölkerung aufgetürmt, mit einer Superlandwirtschaft, einer Superindustrie und einer Superenergiewirtschaft. Bei diesen ökologischen Faktoren sind Ursache und Wirkung oft so unentwirrbar miteinander verzahnt, daß man nur schwer feststellen kann, welches Ereignis ein anderes Ereignis verursacht hat. Ohne eine Superlandwirtschaft gäbe es keine Superbevölkerung, da ja sonst die meisten Menschen verhungern würden. Zu ihrer Versorgung braucht man eine Superindustrie und eine Superenergie-

Gezeitenkraftwerk. 26. 11. 1966: Das erste Gezeitenkraftwerk der Erde wird eingeweiht. Es nutzt den Gezeitenunterschied in der Rance-Mündung zwischen St. Malo und Dinard in der Bretagne, der hier mit 13 Meter am höchsten in ganz Europa ist.

Erdwärme-Kraftwerk in Neuseeland.

wirtschaft. Umgekehrt hat nur die steil anwachsende Zahl der Menschen auf der Erde dazu geführt, daß diese Superwirtschaften in einem immer stärker reißenden Tempo mitwachsen mußten. Zuvor hatten wir besprochen, daß wir auf die unverdauten Abfälle unserer Superwirtschaften noch gar nicht eingerichtet sind und daß sie – jede auf ihre Weise – das goldene Gleichgewicht unseres blauen Planeten ernsthaft in Gefahr bringen. Das wohl erstaunlichste Phänomen bei dieser Entwicklung liegt darin, daß die wichtigsten Antreiber dieser kausalen Beschleunigungsvorgänge, nämlich die westlichen Industriezivilisationen, in diesen Entwicklungen jahrzehntelang einen echten Fortschritt erblickten. Wachstum der Bevölkerung und damit der zukünftigen Kundenzahl, Wachstum des Sozialproduktes, Wachstum des Industrieaufkommens, Wachstum der Städte, der Autobahnen, der Zeitungsauflagen und der Zahl der Flugzeugpassagiere. Wachstum – das war das Goldene Kalb. Dabei haben wir übersehen, daß wir damit auf der Spitze eines grünen Wasserberges saßen, der wie eine Welle vielleicht nur noch einen Kilometer vom Strand entfernt, immer mehr an Fahrt gewann.

Und das ist der eigentliche Sinn unserer Parabel: Eine Woge aus den Tiefen des Ozeans verhält sich lange völlig gleichartig; schließlich beginnt sie sich aufzubäumen, und das Herannahen dieser Phase ist nur sehr schwer rechtzeitig zu bemerken. Dann allerdings ist es zu spät: Das Brechen der Welle läßt sich dann nicht mehr aufhalten. Wir müssen nach den Gründen fragen, wie es zu diesem explosiven Bevölkerungszuwachs so schnell und überraschend kommen konnte.

Diese ernste, bitterböse Situation der jüngeren Geschichte unseres blauen Planeten ist dadurch entstanden, daß wir als Gattung eine so unerhört erfolgreiche Schöpfung der Natur sind. Die Entwicklungsgeschichte des Lebens auf der Erde ist gekennzeichnet durch Erfolge und Versagen verschiedenster Gattungen, die einander dauernd bekämpfen, einander besiegen, ablösen und mit der Weiterentwicklung diese globale Umwelt beherrschen. In diesem Lebenskampf der Arten untereinander ist die Geschichte der Gattung *homo sapiens* eine echte Erfolgsstory. In den letzten 1000 Jahren, ja eigentlich erst im letzten Jahrhundert haben wir uns so richtig durchgesetzt. Einige Konkurrenten um die endgültige Herrschaft dieses Planeten haben wir allerdings noch. Es sind dies andere Gattungen, die gleich uns hervorragende Vermehrungs- und Überlebenskünstler sind. Dazu gehören die Mikroben und die Algen, die Küchenschaben und die Löwenzähne, Ameisen und Schimmelpilze, Ratten und Haie. Das Rennen zwischen dieser gewiß nicht ganz vollständigen Sammlung von Gattungen und uns ist noch nicht gelaufen, obwohl wir seit einigen Jahrzehnten deutlich an Vorsprung gewonnen haben. Die Aufzählung unserer Konkurrenten – die man vielleicht noch einmal durchlesen sollte – besteht aus Gattungen von Tieren und Pflanzen, die uns nicht sonderlich sympathisch sind. Das darf uns auch überhaupt nicht verwundern; denn wir fühlen eben eine deutliche Konkurrenz. Es sind genau jene Gattungen, welche sich in ihrer Zählebigkeit mit der unseren vergleichen lassen. Dadurch machen sie uns die Herrschaft über unseren blauen Planeten streitig. Umgekehrt haben wir andere Tier- und Pflanzengattungen schon ganz gehörig zur Seite gefegt. Auch hier wieder dürfen wir uns nicht wundern, daß es sich um Gattungen handelt, die uns sympathisch sind – wohl auch deswegen, weil sie uns in unserem Herrschaftsanspruch niemals echte Konkurrenz gemacht haben. Dazu gehören das Edelweiß und die Nachtigall, der Seeadler und der Leopard, der Büffel, die riesigen Sequoia-Bäume Kaliforniens und der Blauwal. Erst haben wir diesen Gattungen mit unserem eigenen unbändigen Willen zur Vermehrung und dem damit verbundenen fundamentalen Egoismus die Lebensbasis schon fast entzogen; jetzt falten wir die Hände und bedauern, daß diese »schönen«

Tiere und Pflanzen kurz vor dem Aussterben stehen. Inzwischen haben wir eingesehen, daß in diesen Tausenden von Tiergattungen ein unerhört buntes genetisches Erbe von Jahrmilliarden steckt. Es genügt freilich nicht, diese unersetzlichen Verluste der von uns fast ausgerotteten Tier- und Pflanzenarten wehmütig zu bedauern. Auch diese genetischen Verluste des irdischen Lebens müssen wir in ihrer naturgesetzlichen Verursachung begreifen und sie als einen Teil der heutigen oder kurz bevorstehenden Superkatastrophe einbeziehen. Wenn man uns allerdings mit unserer physischen Ausstattung mit anderen Gattungen vergleicht, so würde man uns als Sieger im Lebenskampf eigentlich keine großen Chancen geben.

Die wichtigsten fossilen Menschenformen. Schädel, Alter und Gestalt.

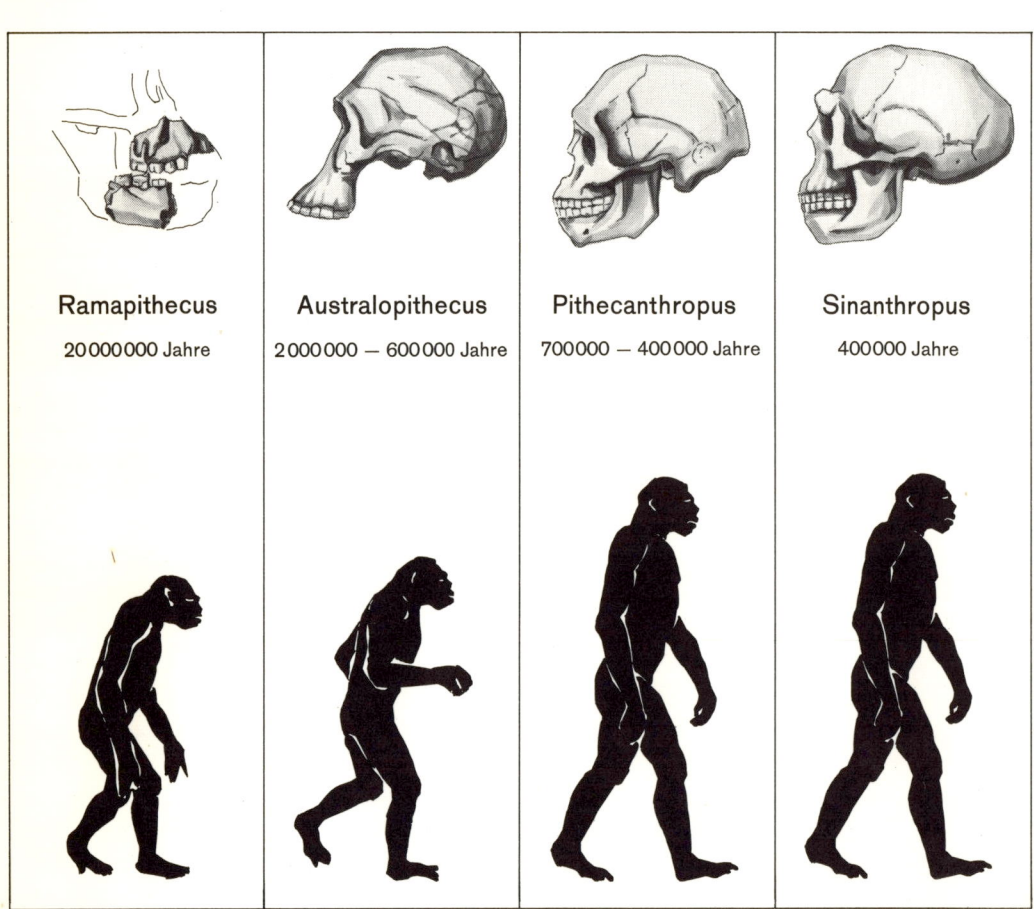

Ramapithecus	Australopithecus	Pithecanthropus	Sinanthropus
20 000 000 Jahre	2 000 000 — 600 000 Jahre	700 000 — 400 000 Jahre	400 000 Jahre

Wenn auf einer Olympiade auch Tiere zugelassen wären, so wäre es um Goldmedaillen für die Gattung *homo sapiens* schlecht bestellt. Die Kurzstrecken würden von den langfüßigen Katzen Afrikas, den Geparden, beherrscht werden. Diese schnellsten Tiere auf Beinen legen 100 Meter in weniger als vier Sekunden zurück. Die Mittelstrecken würden vermutlich von den Pferden, und die Langstrecken bis zum Marathonlauf von den Wölfen beherrscht werden. Hürdenlauf gehört vermutlich den Känguruhs, der Hochsprung den Gazellen und der Weitsprung vielleicht den Leoparden oder Tigern. Alle Goldmedaillen im Schwimmen würden von den Delphinen oder Barrakudas eingeheimst werden. Ja, die Tiere würden

sogar noch andere Disziplinen organisieren, die uns Menschen völlig auf die Tribünen verbannen würden: Gleitflug, Kunstflug, Streckenflug und Navigationsflug, die von den Raubvögeln, den Schwalben, den Störchen und den Tauben beherrscht würden. Die Goldmedaille für Tiefseetauchen gewännen die Pottwale. Wir Menschen würden uns also in einer solchen Olympiade in einer völlig falschen Liga befinden. Lediglich eine einzige Goldmedaille würde die Gattung *homo sapiens* einheimsen: im Zehnkampf. Kein Delphin und kein Wolf, keine Gazelle und kein Känguruh, kein Gepard und kein Seeadler könnte in den Disziplinen Kugelstoßen, Diskuswerfen, Speerwerfen oder Stabhochsprung auch nur einen einzigen

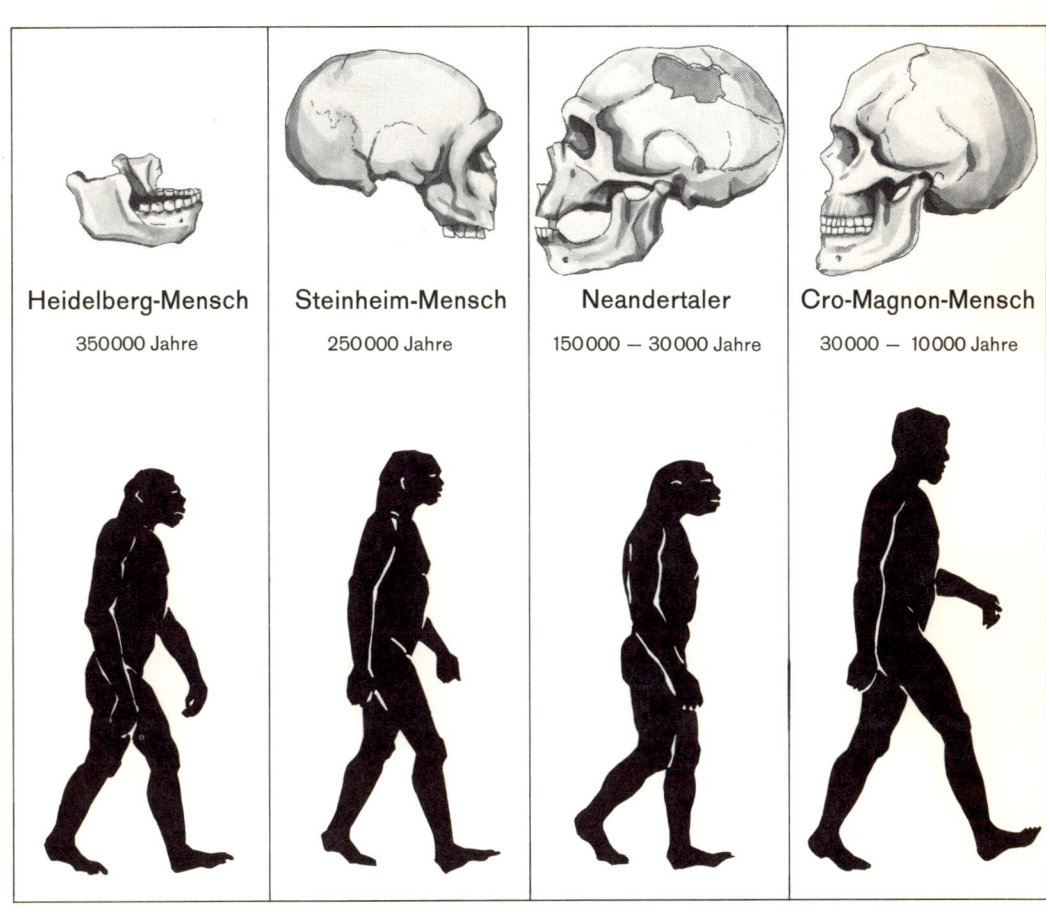

Heidelberg-Mensch	Steinheim-Mensch	Neandertaler	Cro-Magnon-Mensch
350000 Jahre	250000 Jahre	150000 – 30000 Jahre	30000 – 10000 Jahre

Punkt einheimsen. So kann der vielseitige *homo* es sich leisten, in den einzelnen Disziplinen den verschiedenen Gattungen seiner Konkurrenten haushoch unterlegen zu sein; seine unerreichte Vielseitigkeit jedoch sichert ihm diese vielleicht wichtigste Goldmedaille. Die anderen Tiere haben sich alle auf Höchstleistungen in einem engen Bereich spezialisiert und haben durch ihre Meisterschaft darin die Überlebenschance ihrer Gattungen gesichert. Die Spezialität des Menschen jedoch ist, daß er sich nicht spezialisiert hat.

Da er sich aufgrund seiner körperlichen Ausstattung auf keine überlegene Leistungsfähigkeit verlassen kann, ist der Mensch allein in der Wildnis praktisch verloren. Er kann zwar kratzen und beißen, er kann laufen und klettern, er kann schwimmen und tauchen; jedoch keine dieser Fähigkeiten beherrscht er so gut, daß er damit überleben könnte. Wenn er nicht Tarzan heißt, kann er keinem Tiger davonlaufen und keinem Leoparden davonklettern; er kann keinen Elefanten mit der bloßen Faust erschlagen und keinem Hai davonschwimmen; er kann keinen Löwen erwürgen und keinem Krokodil die Schnauze zuhalten. Dafür freilich hat ihn die Natur ausersehen für ihre wohl erstaunlichste Erfindung: die Intelligenz. Die Abstammung unserer Gattung ist heute noch nicht völlig geklärt, obwohl die meisten Anthropologen sich darüber einig sind, daß wir zusammen mit den Menschenaffen gemeinsame Ahnen haben. Schon früh jedoch, vor etwa zwei Millionen Jahren, müssen unsere Vorfahren in ihrer langsam wachsenden Intelligenz eine in der Natur bisher noch nicht verwirklichte Überlebenschance gesehen haben. Durch die Fähigkeit, miteinander zu kommunizieren und gemeinsam zu planen und dann freilich durch den Gebrauch von Werkzeugen und schließlich sogar des Feuers, gelang ihnen

als Gattung, sich nicht nur zu behaupten, sondern auch ihre Umwelt zu beherrschen. Der einzelne, völlig auf sich gestellt, konnte sich kaum behaupten. In der Gemeinschaft jedoch traten die Menschen jenen Siegeszug an, über den wir heute gar nicht mehr so sehr triumphieren dürften.

Der unerhörte Überlebenserfolg des *homo sapiens* liegt eben in seiner Intelligenz, mit der es ihm gelang, das Wesen der Zeit zu begreifen. Alle anderen Lebewesen existieren nur in der Gegenwart. Für den Menschen jedoch gibt es eine Vergangenheit, aus der er Erfahrungen schöpfen kann, eine Gegenwart, die er jeweils meistert, und eine Zukunft, für die er plant. Als der Mensch das Kausalitätsprinzip, das Gesetz von Ursache und Wirkung, begriff, hatte er bereits den Sieg über alle anderen Gattungen an sich gerissen. Gleichzeitig allerdings hatte er damit auch schon den Grundstein seiner großen Existenzproblematik gelegt.

Der bekannte amerikanische Ökologe Paul Ehrlich wurde einmal danach gefragt, wann eigentlich das leidige Problem der Umweltverschmutzung begonnen hätte. Ehrlich antwortete darauf: »Genau kann ich das nicht sagen; es muß irgendwann vor 15000 oder 25000 Jahren passiert sein, als der erste Bauer das erste Getreidekorn in den Boden steckte, in der Erwartung, daß es zu einer neuen Pflanze heranreifen und ihm statt des einen Kornes 20 bescheren würde.« Das ist eine sehr kluge Einsicht. Bis zu diesem Zeitpunkt nämlich hat der Mensch – wie alle anderen Gattungen – als ein Teilstück der Natur gelebt und sich mit seinen Lebenschancen in die naturgegebenen Bedingungen eingefügt. Nun aber, mit diesem ersten gesäten Getreidehalm, begann er, seine Umwelt zu manipulieren, um daraus für sich selbst, für seine Nachkommenschaft, für seine Überlebens- und Vermehrungschancen das Beste herauszuholen. Von nun an näm-

114

lich war der Mensch nicht mehr damit zufrieden, was ihm die Natur von sich aus an Nahrung anbot; nein – da er das Wesen der Natur zu durchschauen begann, nutzte er ihre Gesetze und ihre Abläufe, um sich selbst und seinen Nachkommen immer mehr Nahrung zu verschaffen. Und so kam es dann auch zu der ersten großen Bevölkerungsexplosion in den landwirtschaftlich besonders begünstigten Flußtälern, wie etwa der chinesischen Flüsse, des Euphrat und des Tigris und des Nil. Die fruchtbaren Felder von Babylon und Ägypten konnten so vielen Menschen Nahrung gewähren, daß dort die ersten großen Dynastien entstanden. Sie haben ihre Umwelt einfach durch die Wucht ihrer Menschenzahl beherrscht, die sie auch ernähren konnten. Den halbverhungerten Nomadenvölkern im weiten Umkreis ihrer gesicherten Nahrungsbastion waren sie dadurch haushoch überlegen. So wohl entstand die tief verwurzelte Vorstellung: Macht ist gleich Volkszahl.

Diese Erkenntnis ist im Bewußtsein des Menschen während seiner langen Geschichte tief verankert. Armselige Nomadensippen, denen es auch in vier oder fünf Generationen nicht gelang, sich wesentlich zu vermehren, wurden schließlich aufgerieben. Nur eine reiche Nachkommenschaft, vor allem an gesunden kräftigen Männern, sicherte einer Sippe oder einem Volk Überlebenschancen. So dürfen wir uns nicht wundern, daß Fruchtbarkeit und Fortpflanzung, vor allem männliche Nachkommen, in allen alten Religionen einen zentralen Platz einnehmen. Das biblische Wort: »Seid fruchtbar und mehret euch« war nicht etwa ein frommer Wunsch, wie uns heute vielleicht erscheinen mag; es war ein göttlicher Befehl, um die Überlebenschance der Gattung zu sichern.

Dabei hat die Natur mit der Erfindung der Intelligenz unserer Gattung noch besonders große damit verbundene Hindernisse in den Weg gelegt. Im Verhältnis zu unserer Größe und zu unserem Körpergewicht gibt es kein Säugetier, bei dem die Schwangerschaft so lange dauert. Die Verlängerung dieser Lebensfrist war erforderlich, um dem Wachstum des menschlichen Gehirns Rechnung zu tragen. Eine weitere Erschwerung bestand darin, daß ein neugeborenes Menschenkind zu den hilflosesten Infanten überhaupt zählt. Wenn wir von den praktisch noch unausgereiften Jungen der Beuteltiere und von einigen gerade ausgeschlüpften Singvögeln absehen, so ist der Mensch mit seiner Reifezeit sehr schlecht dran. Ein Fohlen läuft schon wenige Stunden nach seiner Geburt hinter der Stute her; ein Küken oder eine junge Ente folgen schon nach Minuten piepsend oder quakend der Mutter. Die meisten Lebewesen sind nicht auf die Fürsorge ihrer Mutter oder ihrer Eltern angewiesen.

Das zweite große Handikap der Gattung *homo sapiens* besteht darin, daß die Reifung des Gehirns und der Erwerb der vollen Mittel der Intelligenz etwa die Hälfte der Lebenszeit eines Individuums beanspruchen. Das ist bezogen auf die bis noch vor wenigen Jahrhunderten gültige mittlere Lebenserwartung des Menschen von etwa 30 Jahren. Das sind gewaltige Handikaps, welche die Natur dem Wachstum der Gattung *homo sapiens* in den Weg gelegt hat. Die biologischen Kompensationen bestehen eigentlich nur darin, daß unsere Gattung eine der ganz wenigen Arten ist, die keine Periode der Begattungsbereitschaft kennen, sondern immer für den Sex bereit sind. Wenn uns auch noch diese, meist saisonbedingte Beschränkung der Fruchtbarkeit aufgezwungen wäre, so hätten wir die Hürde des Überlebens und der Vermehrung wohl niemals überwunden. Auch gibt es kaum eine andere Gattung unter all ihren Lebewesen, der die Natur eine so fundamentale

Der englische Schriftsteller und Essayist Aldous Leonard Huxley (1894–1963) ist einer der ganz wenigen Autoren gewesen, der – ohne Fachwissenschaftler zu sein – die Naturwissenschaften verstanden hat.

Befriedigung und Erfüllung geschenkt hätte, wie dem Menschen mit seinem Sexus. All diese Erkenntnisse, welche wir Verhaltensforschern und Anthropologen in den letzten Jahrzehnten verdanken, tragen zur Erklärung bei, weshalb unsere Gattung trotz der vielen physischen Handikaps so unerhört erfolgreich war.

Was den alten Religionsstiftern – von Buddha über Moses zu Christus und Mohammed – als ein großer Segen erschien, erweist sich heute als ein Fluch. Fruchtbarkeit, Nachkommenschaft, Vermehrung, Wachstum – das waren der Menschheit immer wieder neu erwiesene Gnaden, die von der Gottheit gewährt wurden.

Heute hat dieses Übermaß von Gnade uns an den Rand der größten Katastrophe der Menschheit herangeführt. Vielleicht ist das um ein Grad zu hart ausgedrückt: Die größere Katastrophe freilich wäre gewesen, wenn wir durch den Mangel an dieser Gnade schon vor Jahrtausenden ausgestorben wären. Die Alternative jedoch, die Übervölkerung, ist eine fast ähnlich große Katastrophe.

Schon zuvor hatten wir darauf hingewiesen, daß bei dem heute immer dringlicher werdenden Problem der Superentwicklung zwischen Ursache und Wirkung so schwer zu unterscheiden ist. Das ist auch der Grund, weshalb man für die verschiedenen Mißstände im heutigen Zustand unseres blauen Planeten das schuldige Element nur sehr mühsam herausschälen kann. Hinzu kommen noch zwei psychologische Elemente, welche die Einsicht in unser Problem so sehr erschweren. Die langsam sich immer mehr zum schlechten wendenden Umstände kommen uns nicht so recht zum Bewußtsein, da sie von Tag zu Tag nur unterschwellig anwachsen. So »gewöhnen« wir uns an den von Tag zu Tag steigenden Straßenverkehr, an den von Tag zu Tag steigenden Gestank in unseren Großstädten und an die von Tag zu Tag steigende Lärmbelästigung. Gäbe es eine Zeitmaschine und hätte man die Bewohner von Los Angeles aus dem Jahr 1938 schlagartig in ihre Stadt des Jahres 1968 versetzt, so wären sie entweder alle ausgewandert oder hätten protestierend massive Abhilfe gefordert. So aber bekamen sie in diesen drei Jahrzehnten den Smog von Tag zu Tag nur mikrogrammweise zunehmend verabreicht. »Der Mensch ist ein Gewohnheitstier« – so sagt man, und wenn die Schraube jeden Tag nur ein wenig angezogen wird, so merkt er das nicht so sehr. Das zweite psychologische Moment scheint darin zu liegen, daß man die Schuld immer beim anderen sucht. Die geringen Abgase des eigenen Automobils, die paar Plastiktüten und die paar Milligramm Quecksilber, die der eigene Verbrauch verursacht und die auf keiner noch so feinen chemischen Waage nachzuweisende radioaktive Verschmutzung, die auf einen selbst entfällt – das kann doch nicht diese Katastrophe verursachen. Es muß doch der immer größer werdende Beitrag der anderen sein, der dafür verantwortlich gemacht werden muß.

Daran aber liegt es letzten Endes: an der immer größer werdenden Zahl der anderen. Die anderen jedoch konstituieren die Zahl der Menschen. Das ist das Fundamentale, das ist das Grundproblem. Nur wenige weitsichtige Denker haben das schon frühzeitig erkannt; so der Engländer Malthus bereits Ende des 18. Jahrhunderts, den wir dann noch in der Mitte unseres Jahrhunderts glaubten belächeln zu können; dann schon in der ersten Hälfte unseres Jahrhunderts wiederum ein Engländer, Aldous Huxley, den der steile Anstieg in der Bevölkerung unseres Planeten zutiefst beunruhigte.

Zuvor sprach ich schon davon und sollte jetzt noch einmal darauf zurückkommen: Ich habe vor mehr als 20 Jahren das Glück gehabt, als jüngerer Wissenschaftler Aldous Huxley persönlich kennenzulernen. Er war für unsere Gemeinschaft von Wissenschaftlern in Los Angeles der große weise Mann, und Unterhaltungen mit ihm gehörten zu den großartigsten intellektuellen Erlebnissen unserer Generation. Wir waren damals noch von dem grandiosen Optimismus unserer Technik und Wissenschaft erfüllt. Wenn wir auch Malthus ablehnten, so hat Aldous Huxley die ersten Zweifel in uns begründet. Heute, mehr als zehn Jahre nach seinem Tod, sehen wir mit Entsetzen ein, wie sehr er recht gehabt hat, als er vor der Übervölkerung als der größten Krise in der gesamten Geschichte der Menschheit warnte.

Gewiß, die phantastischen Erfolge des Menschen in seiner Karriere als Landwirt haben es der Menschheit erlaubt, sich – beginnend mit dem letzten Jahrhundert – derartig zu vermehren. Ein ebenfalls vergleichbarer Anstieg in der industriellen Kapazität der Menschheit folgte auf dem Fuße. Dieses Wachstum, unterstützt durch einen entsprechenden Anstieg der Energiewirtschaft, führte die Bevölkerung unseres Planeten zu immer neuen Höhen. Den großartigen Leistungen in der Landwirtschaft, der Technik und der industriellen Aktivität des Menschen auf unserer Erde ist es letzten Endes zu verdanken, daß eine weltweite Hungersnot dem weiteren Wachstum der Menschheit auf der Erde nicht schon lange ein Ende gesetzt hat.

Es ist müßig, diese Entwicklung heute zu bedauern und darüber zu klagen, wie sehr unsere Umwelt verschandelt, verunschönt, ja sogar zerstört wird. Sterbende Fische, trübe Seen, stinkende Flüsse und Ströme, überfüllte Autobahnen und ein ewig grauer Himmel über unseren Großstädten sind der Preis dafür, daß wenigstens nicht mehr als 10 bis 20 Millionen Menschen jährlich verhungern. Hätten wir nämlich keine Superlandwirtschaft und keine Supertechnik, so müßten heute schon ein Drittel, ja vielleicht die Hälfte der Menschen umkommen. Wenn wir also über die Zerstörung bitter Klage führen, dann müssen wir einsehen, daß wir damit auch das mühselige und entbehrungsreiche Überleben von etwa einer Milliarde Menschen ausklammern. Wir alle müssen die Qualität unseres Lebens einschränken, solange wir nicht gewillt sind, die Quantität des menschlichen Lebens in Grenzen zu halten.

Daran also liegt es letzten Endes. Unser Erfolg als Gattung war einfach zu groß, und wir haben uns in den letzten 100 Jahren davon berauschen lassen. Wir – nackte, unbewaffnete Schwächlinge unter den Großgattungen unseres Planeten – haben uns bewährt. Mit der naturgegebenen Kraft der Intelligenz haben wir unsere Konkurrenten erfolgreich überrundet. In dem Diktum, das uns jahrtausendelang als göttliche Weisheit erschien, haben wir uns gefangen: »Seid fruchtbar und mehret euch.«

Das also sind ein paar Überlegungen, die mir nach einem schönen Gespräch mit Aldous Huxley in Los Angeles am Strand von Santa Monica kamen, als ich die pazifische Brandung beobachtete. In der Tat, wir sitzen wie jene Wellenreiter auf einer sich schon steil auftürmenden Woge. Was können wir tun, um nur einigermaßen sicher in die weitere Zukunft schauen zu können? Vor allen Dingen, wird diese einzigartige Gabe, die uns die Natur als Erfolgsrezept beschert hat – nämlich die Intelligenz – ihren letzten Test bestehen?

11 »Der letzte Intelligenztest«

Just in den Monaten, in denen ich das Manuskript zu diesem Buch verfaßte, habe ich begonnen, für das ZDF eine neue Sendereihe vorzubereiten. Es drehte sich um eine Reihe von Geschichten aus der Zukunft der Menschheit. Für diese in den letzten Jahrzehnten sehr populär gewordene Literaturgattung gibt es noch keine rechte deutsche Übersetzung. Jeder allerdings kennt sie unter der Bezeichnung Sciencefiction. Wie in allen Literaturgattungen gibt es dabei freilich auch viel Kitsch und billige Abenteuerstorys. Es gibt allerdings auch Science-fiction-Geschichten, die sehr ergreifend und erschütternd sein können. Einer dieser Storys habe ich den Titel gegeben *Der letzte Intelligenztest*. Den gleichen Titel habe ich hier gewählt.

Die Geschichte war diese: Etwa 20 bis 30 Jahre in der Zukunft begibt sich ein bemanntes Raumschiff mit einer Besatzung von sieben internationalen Astronauten und Astronautinnen auf eine Marsexpedition. Die Dauer der Reise ist auf über ein Jahr angesetzt mit einem Aufenthalt von etwa zwei Monaten auf unserem Nachbarplaneten. Auf dem Wege zum Mars, und zwar kurz vor ihrer Ankunft, bricht plötzlich jede Verbindung mit dem Raumschiff ab. Alle Bemühungen der überaus raffiniert ausgestatteten Bodenstationen zur Wiederaufnahme einer Verbindung bleiben vergeblich. Nach drei Monaten schließlich gibt die Weltöffentlichkeit die Hoffnung auf. Der erste Versuch der Menschheit, einen Nachbarpla-

neten zu erreichen und dort mit einer bemannten Expedition zu landen, hat mit dem Opfer von sieben Menschen geendet.

Auch gab es gar keine Möglichkeit, von der Erde aus festzustellen, was überhaupt schiefgegangen war. Zumal würde eine zweite Expedition zur Nachforschung oder gar zur Rettung viel zu lange Zeit in Anspruch nehmen. So nahm das Rätselraten unter den Wissenschaftlern, der Regierungen, der Stammtische und der Wahrsager über das Schicksal der Expedition kein Ende. Ein phantasievoller Fernsehautor schließlich überzeugte seinen Intendanten, eine interessante Theorie über das Geheimnis der Expedition zu einer Fernsehsendung verarbeiten zu dürfen. Nach längeren Kämpfen wurde ihm der Auftrag erteilt, und es entstand daraus ein packendes Fernsehspiel:

Ein Raumschiff aus den Tiefen des Alls, bemannt mit »Intelligenzinspektoren« aus unserer Milchstraße, hat das irdische Raumschiff kurz vor Erreichen des Planeten Mars gekapert. Dieses Inspektionsteam handelte im Auftrag der »Galaktischen Union«, einer Art von *United Nations* vieler Welten in unserer Milchstraße, deren Bewohner sich durch ihre Intelligenz für die Mitgliedschaft in dieser Union qualifiziert hatten. Die irdische Menschheit war schon lange beobachtet und für einen dieser Intelligenzqualifikationstests ausersehen worden. Das irdische Raumschiff zum Mars mit seiner Besatzung erschien als ideale Auslese für die intelligente irdische Menschheit.

Diese Vertreter der irdischen Menschheit bestanden in den Wissenschaften, in der Philosophie, in den Künsten und in den edlen Emotionen alle Tests, da die Gattung *homo sapiens* des Planeten Nummer drei unseres Sonnensystems auf diesen Gebieten auf hervorragende Leistungen hinweisen konnte. Den letzten Intelligenztest jedoch bestanden sie nicht. Im Gegensatz zu der Vielzahl aller anderen bewohnten Planeten in der Milchstraße ist unsere Erde für das Wachstum und das Überleben einer intelligenten Gattung hervorragend ausgestattet. Dieser Planet nämlich besitzt nicht nur freien Sauerstoff in seiner Atmosphäre; er hat auch durch den gerade richtigen Abstand von seiner Sonne ein hervorragendes Klima. Und das Wichtigste schließlich: Die Erde besitzt einen fast unerschöpflichen Schatz an dem wertvollsten Material des Universums, nämlich Wasser. Kaum eine der anderen intelligenten Gattungen von den anderen Planeten aus den Tiefen der Milchstraße hatte solch günstige Startbedingungen für ihr Überleben.

Und darin hat die irdische Menschheit versagt. Sie hat nämlich diesen unerhört wichtigen und wertvollen Schatz schon fast verrotten lassen und die gütigen Naturkräfte in ihrem goldenen Gleichgewicht schon schwer gestört. Das lag daran, daß die irdische Menschheit nicht die Intelligenz besessen hat, diese Naturkräfte in ihrem Zusammenspiel rechtzeitig zu begreifen, um daraus den Schluß zu ziehen, sich selbst in ihrer Zahl weise zu beschränken. Bei der sehr seltenen und überaus günstigen chemischen, physikalischen und biologischen Ausstattung unseres Planeten hat die irdische Menschheit nicht rechtzeitig erkannt, daß sie auf dem Wege ist, ihren Planeten zu vernichten. Die Aufnahme der irdischen Menschheit in die Galaktische Union wurde um weitere 5000 Jahre verschoben.

Wir hätten eigentlich gar nicht auf dieses galaktische Team von Intelligenztestern zu warten brauchen, um uns unser entscheidendes Versagen in den letzten 200 Jahren vorhalten zu lassen. Denn schon vor bald 200 Jahren hat der englische Nationalökonom, Thomas Robert Malthus, den wir zuvor schon mehrfach erwähnten, darauf hingewiesen. Mit der schlichten Ausdrucksweise des 18. Jahrhunderts sprach er schon von einer »weisen Beschränkung« unserer Vermehrung. Malthus hat die Übervölkerungskatastrophe schon für sehr viel früher vorhergesagt, und wir hatten die von ihm als unüberschreitbar bezeichnete Grenze schon längst durchstoßen. Malthus und sein moderner Nachfolger Aldous Huxley jedoch haben uns davor gewarnt, daß der Zunahme der Bevölkerung auf unserem Planeten absolute Grenzen gesetzt sind.

In einem vorangegangenen Kapitel hatten wir vier Ereignisse diskutiert, die eine drastische Reduzierung in der Zahl der Menschen auf der Erde bewirken könnten. Alle diese vier Ereignisse sind katastrophal, erschreckend, unmenschlich und hoffentlich vermeidbar. Wir diskutierten die Möglichkeit einer Superpest, die den Großteil unserer Superpopulation dahinrafft; ein nuklearer Krieg mit einer völligen, radioaktiven Verwüstung unseres Planeten könnte das Ende bedeuten; vielleicht hätten wir die Chance, mit unserer zukünftigen Technik auf andere Planeten auszuweichen – das ist eine absolute Utopie; die Grenzen der Menschheit werden erreicht, wenn ihr Geburtenüberschuß verhungert, wobei die Überlebenden sich auf ein miserables Leben beschränken müssen; damit allerdings entsteht ein unerträglicher Zustand des Kampfes eines jeden gegen jeden um geringste Vorteile. Das waren die vier Alternativen. Die fünfte Alternative haben wir uns für dieses Kapitel aufbewahrt. Malthus hat dieses Rezept schon vor fast 200 Jahren sehr zivilisiert ausgedrückt; er sprach von der weisen Beschränkung unserer eigenen Zahl. Darum drehte es sich auch in unserer Science-fiction-Story. Wird es der Menschheit gelingen, diesen letzten Intelligenztest zu bestehen?

Da wir das Problem der Übervölkerung in seiner ganzen Gefährlichkeit zu spät erkannt haben, müssen wir echt um unsere Zukunft bangen. Heute, gegen Ende des 20. Jahrhunderts, sind wir vielleicht schon zu weit über die Grenze unserer Bevölkerungszahl hinausgeschossen. Es geht uns heute – wie wir unserer Parabel im vorigen Kapitel entnehmen konnten – schon so wie dem Wellenreiter, der sich mit der unmittelbar brechenden Welle auseinandersetzen muß. Etwa die Hälfte der heutigen Weltbevölkerung von fast vier Milliarden ist 15 Jahre alt oder jünger. Es ist völlig ausgeschlossen, daß wir von diesen fast einer Milliarde von potentiellen Elternpaaren erwarten können, daß sie die bevorstehende Katastrophe in ihrer ganzen Wucht begreifen und danach handeln werden. Auch sie werden ihren Spaß an Kindern haben wollen – vor allem an ihrer Machart. Die Entscheidung für die Bevölkerungszahl im Jahr 2000 ist heute schon unwiderruflich gefallen.

In einer scharfsinnigen Untersuchung hat der deutsche Physiker Professor Wilhelm Fucks den Gesetzen der Bevölkerungszunahme in den verschiedenen Nationen und Kontinenten während unserer Zeit nachgespürt. Er hat für viele Länder den Verlauf des Geburtenüberschusses in Abhängigkeit von dem Grad ihrer Industrialisierung verfolgt. Typisch für seine Ergebnisse war, daß nach der Erreichung eines gewissen Lebensstandards der Geburtenüberschuß stark absinkt. Seine Überlegungen werden bestätigt durch den immer kleiner werdenden Geburtenüberschuß gerade der industriell hoch entwickelten Länder. Die sogenannten Entwicklungsländer wie Indien, die Nationen Afrikas und Südamerikas und auch China vermehren sich zwei- ja dreimal so schnell wie die Industrieländer der westlichen Welt, Japans und der Sowjetunion. Wilhelm Fucks hat aufgrund dieser Überlegungen sehr einleuchtende Zukunftsprognosen abgeleitet. Bei diesen Prognosen allerdings ist von der Umweltverschmutzung und von den unbewältigten Problemen des industriellen Wachstums abgesehen worden. Aus diesem Grund hat Fucks für die heutigen sogenannten Entwicklungsländer ebenfalls eine in der nächsten Generation stark absinkende Bevölkerungszunahme vorausgesagt. Auch für die Inder und die Chinesen, für die Peruaner und für die Afrikaner wird es einmal dazu kommen, daß ihnen ein neues Auto oder ein Farbfernseher vielleicht wichtiger sein wird als ein drittes oder viertes Kind.

Selbst unter diesen sehr optimistischen Prämissen, die sich Fucks als Grundlage gewählt hatte, kommt er um eine Bevölkerungszahl von fast sieben Milliarden im Jahr 2000 nicht herum. Hinter der Zunahme der Weltbevölkerung steht ein unglaublicher Druck. Jegliche Einsicht, daß ein Zuwachs der Bevölkerung trotz größter Anstrengungen zu einer dauernden Weiterverarmung führen muß, scheint der Menschheit vielfach noch völlig zu fehlen. Der grandiose Optimismus unserer technischen Macht verführt uns immer wieder zu der Zuversicht, daß wir mit der jeweils ablaufenden Vermehrungsrate unserer Gattung fertig werden. Wie sehr man sich in diesem für uns alle so wichtigen Urteil täuschen kann, zeigen am besten die Beispiele Ägypten und Indien.

Im Jahr 1957 hatte Ägypten eine Bevölkerung von knapp 23 Millionen. Es ist eine Parodie der Geschichte, daß ausgerechnet jenes Land, in dem in biblischer Zeit Milch und Honig flossen, seit der Mitte dieses

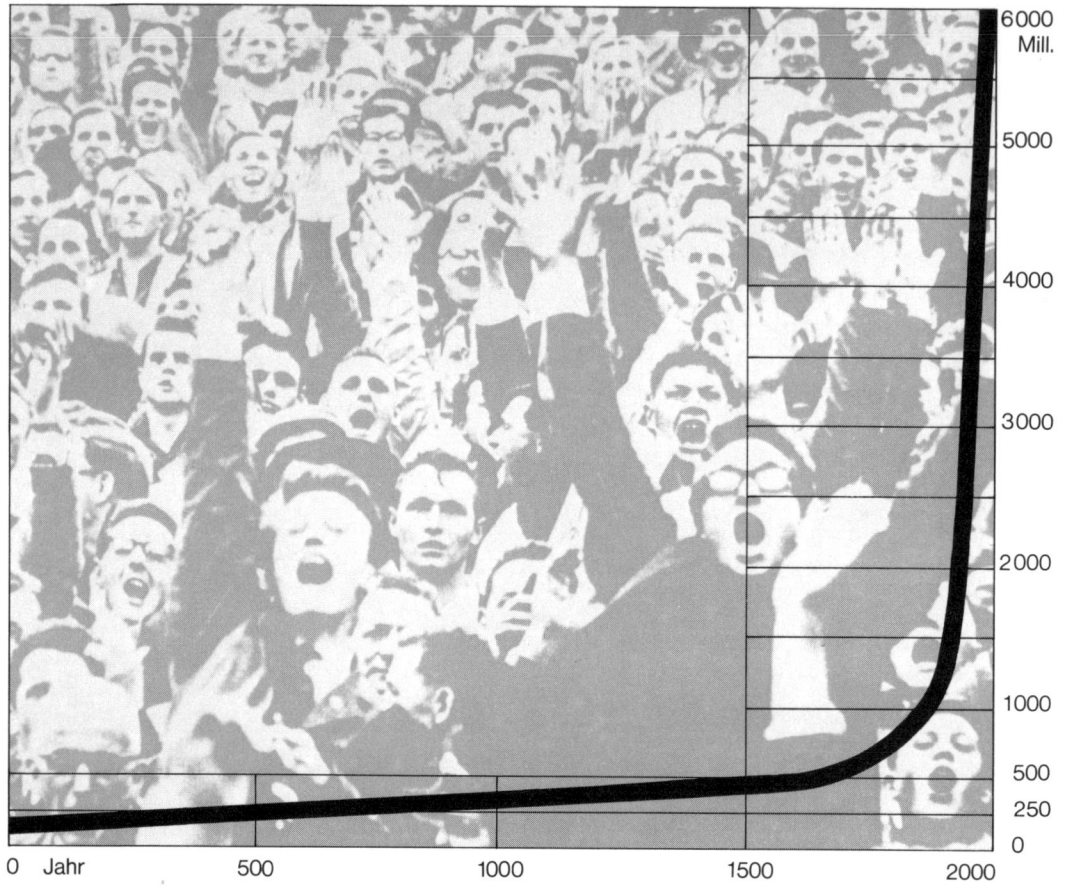

				6000 Mill.
				5000
				4000
				3000
				2000
				1000
				500
				250
				0

0   Jahr   500   1000   1500   2000

Schicksalskurve der Menschheit: die Entwicklung der Weltbevölkerung seit der Zeitenwende. Verdoppelung von 250 Millionen innerhalb von 1650 Jahren; nächste Verdoppelung auf 1 Milliarde in 180 Jahren; auf 2 Milliarden in 100 Jahren; auf 4 Milliarden um 1975. 7 Milliarden sind um 2000 zu erwarten!

Jahrhunderts Ernährungsschwierigkeiten hat. Es ist freilich so, daß die Einwohnerzahl des alten Ägypten 20 Millionen auch nicht im entferntesten erreichte. Aber auch mit einer sehr viel geringeren Zahl von Einwohnern hat Ägypten Jahrtausende die menschliche Kultur souverän beherrscht. In der modernen Zeit ist diese klassische Kulturregion zu einem sogenannten Entwicklungsland geworden. Dort glaubte man 1957, durch den großartigen Assuan-Damm entscheidende und für unser Jahrhundert typische Fortschritte zu machen. Der Nil, einer der wohl berühmtesten Flüsse der Menschheit, der mehr als 5000 Jahre lang viele Millionen von Menschen ernährt hat, sollte durch die moderne Technik nun zu zukünftigen Höchstleistungen gesteuert werden. Als man in den fünfziger Jahren mit dem Assuan-Damm vom Plan auf dem Papier zur Tat schritt, hatte man errechnet, daß nach seinem Bau mindestens zehn Millionen von zusätzlichen Einwohnern Ägyptens Nahrung geschaffen werden könne. Gleichzeitig sollte die Hungersnot unter den bereits 23 Millionen Ägyptern für immer gebannt werden. Auch hat die großartige Planung dieses Staudammes dem Prestige Ägyptens in der Welt sehr geholfen, stand er doch an einem historisch überragenden Platz. Von der politischen Geschichte dieser Konstruktion – mit amerikanischer Hilfe begonnen und mit russischer Hilfe und großer Fanfare beendet – soll hier gar nicht die Rede sein. Heute allerdings, 16 Jahre später, beträgt die Bevölkerung Ägyptens fast 37 Millionen, und der Damm hat mit seiner Wirkung die Landwirtschaft Ägyptens leider nicht so gesteigert, daß zehn Millionen zusätzlicher Ägypter ausreichend ernährt werden könnten. Ägypten ist heute also mit dem Damm wesentlich schlechter dran als 1957 ohne den Damm. Die Bevölkerungswelle hat diese riesige und in der ganzen Welt mit viel Spannung verfolgte Fortschrittstat während der Bauzeit weit überrollt.

Von den immer wiederkehrenden Hungersnöten in Indien haben wir zuvor schon einmal gesprochen. Die indische Landwirtschaft hängt mit ihrem Erfolg von dem rechtzeitigen Eintreffen des Monsuns ab, der gerade zur richtigen Zeit, an den richtigen Orten die richtige Regenmenge absetzen muß. Wenn eine dieser drei Bedingungen nicht erfüllt ist, gibt es in Indien eine Hungersnot. In den Jahren 1968 bis 1971 hatten die Inder mit ihrem Monsun großes Glück. Dann wieder im Jahr 1972 gab es Störungen in der Atmosphäre, die wir immer noch nicht so recht begreifen, welche den Monsun stark veränderten. Nachdem Indien schon stolz seine Autarkie an Nahrungsmitteln verkündet hatte, befindet es sich durch die Vernichtung seiner Ernte von 60 bis 70, stellenweise 90 Prozent wiederum am Rande einer Hungersnot. Vor wenigen Jahren hat eine Reihe von führenden Ökologen und Ernährungswissenschaftlern den Vorschlag gemacht, man solle in Indien bei Hungersnöten dieser Art nicht mehr helfen. Das klingt so brutal und unglaublich inhuman, daß man sich darüber nur aufregen kann. In Wirklichkeit haben diese Experten ihren Vorschlag im Geiste christlicher Nächstenliebe gemacht, wenn man diese christliche Nächstenliebe an der Zahl der Menschen, deren Leiden man mildert, mißt. Hilft man nämlich Indien in einer Hungersnot, so gibt man der Bevölkerung dieses Subkontinents die Möglichkeit, zu überleben und ihre durchschnittliche Bevölkerungszunahme von etwa einer Million Menschen pro Monat fortzusetzen. Die zehn Millionen Menschen, die man in einem Jahr demnach vor dem Verhungern rettet, vermehren sich daraufhin so prompt, daß im nächsten oder im übernächsten Jahr bei der nächsten Mißernte nicht eine Million, sondern zusätzlich zwei oder drei Millionen verhungern. Was also ist christlicher: In diesem Jahr eine Million vor dem Hungertod zu bewahren, um dann in den nächsten drei bis vier Jahren vielleicht drei oder vier Millionen nicht mehr retten zu können oder – wie es ein wirklich nachdenklicher Mann ausgedrückt hat – Indien seinem Schicksal zu überlassen? Wenn man das täte, so würden im Laufe der nächsten fünf oder zehn Jahre viele Millionen weniger Menschen einem unausweichlichen Schicksal überantwortet werden.

Diese erschütternden Überlegungen zeigen aber, vor welchen Alternativen wir stehen. Was sich heute in Ägypten und Indien ereignet, wird auch den Rest der Menschheit und zum Schluß unerbittlich die westliche Welt erreichen.

Das Elend und der Hungerstod sind zwar das allerschlimmste. Es gibt aber auch andere Aspekte des menschlichen Lebens, die sich mit der stets steigenden Zahl der Menschen auf der Erde verschlimmern werden.

Darauf hat der große Humanist Aldous Huxley eben schon vor Jahren hingewiesen, und seine erschreckenden Prophezeiungen starren uns immer drohender ins Gesicht. Er befürchtete einen schrecklichen Niedergang in der Qualität des Lebens. Nachdem der Mensch der Tyrannei antiker und mittelalterlicher Gesellschaftsformen endlich entwichen war, hat er mit der Blüte der Demokratie einen Himmel auf Erden geschaffen. Das kann man wirklich sagen. Wenn aber jetzt eine steil ansteigende Zahl von Menschen auf einen relativ immer kleiner werdenden Vorrat von Nahrung, Gütern und Energie drückt, so kommt es damit zu Unruhe, Streit, Revolution, Gewalt und Krieg. Das allerdings gibt der Diktatur die beste Handhabe, sich über die ganze Welt auszubreiten. Als Karl Marx sein Kommunistisches Manifest verfaßte, hatte er noch das »kleine« Problem der Ausbeutung des Proletariats durch die kapitalistischen Machthaber im Auge. Wenn heute eine zu steil hochschießende Zahl der Menschen auf der Erde der Nahrung und den Gütern davonrennt, entsteht eine völlig andere Art an kommunistischer Idee: Das wenige, das übrigbleibt, muß nun gerecht geteilt werden. Das gibt Machthabern eine hinreißende Begründung, für diese Verteilung zu sorgen und die Menschheit unter das Joch der Knappheit zu zwingen.

Die zunehmende Zahl der Menschen ist also das echte und letzte Grundübel. Wir spüren die Faust im Nacken, unsere Superlandwirtschaft, unsere Superindustrie und unsere Superenergiewirtschaft alljährlich um zwei, drei, sechs oder acht Prozent hochzupeitschen, wenn wir dieses Wettrennen mit der Zeit nicht verlieren wollen. Die Beispiele von Ägypten und Indien haben uns gezeigt, daß wir heute schon in der Tat an Boden verlieren. Das Wachstum in der Produktion an Gütern und der Fortschritt des Lebens-

genusses ist längst nicht mehr ein erfreuliches, ein optimistisches Ideal. Es ist zur Peitsche geworden, welche die Menschheit vorantreibt. Gleichzeitig will es unmöglich erscheinen, die Verschmutzung unseres Planeten und seine Zerstörung zu verhindern, da wir kaum imstande sind, selbst die heute schon entstandenen Schäden gut zu machen oder auch nur aufzuhalten.

Wie soll man beispielsweise einen Fall beurteilen, der in der Bundesrepublik Deutschland, im volkreichsten Bundesland, nämlich Nordrhein-Westfalen, besteht? Eine von den Problemen des Umweltschutzes alarmierte Öffentlichkeit macht sich bei den nordwestdeutschen Energieexperten stark, daß Pläne zur Errichtung zusätzlicher Kraftwerke von nun an scharf überwacht, ja sogar bekämpft werden müssen. Atomkraftwerke sind strahlenverdächtig und heizen wegen ihres hohen Kühlbedarfs das Wasser der deutschen Flüsse auf. Auch die Errichtung konventioneller Kraftwerke, die mit Kohle, Öl oder Gas betrieben werden, sind ein Dorn im Auge verängstigter Umweltschützer. Der Direktor des Rheinisch-Westfälischen Elektrizitätswerks in Essen, Günther Scheuten, macht dazu die ganz schlichte Bemerkung: »Wir müssen jedes Jahr ein neues Kraftwerk bauen, sonst haben wir eine Lücke, die wir niemals schließen können.« Die nordwestdeutschen Energieplaner rechnen damit, daß 1975 bereits ein Zehntel des dann bestehenden Strombedarfs in Spitzenzeiten fehlen wird. Bis 1980 müßte die Kapazität mehr als verdoppelt werden. Man kann sich nur darüber freuen, daß sich die Öffentlichkeit heute des Problems des Umweltschutzes so sehr bewußt ist. Damit jedoch ist es überhaupt nicht getan, wenn die vorausschauenden Lieferanten der elektrischen Energie um das nächste Jahrzehnt ernsthaft besorgt sind. Zu einem echten Konflikt wird es dann kommen, wenn die Umweltschützer in ihrer

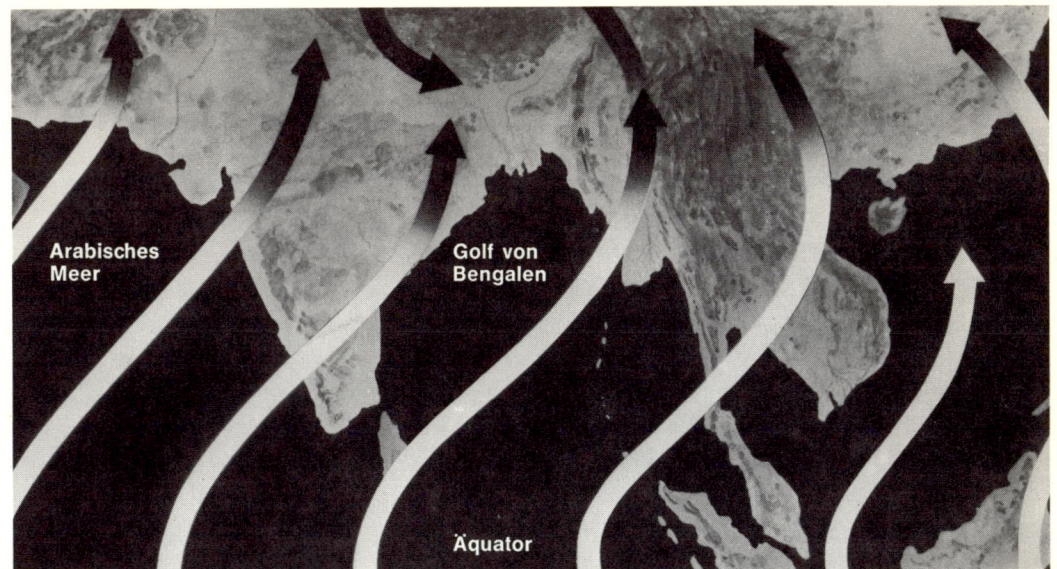

Arabisches
Meer

Golf von
Bengalen

Äquator

Während der Sommermonate heizt sich die riesige Landmasse Asiens auf, die heiße Luft steigt auf, und anlandige Winde bringen feuchte Luftmassen aus dem Indischen Ozean nach Norden und Nordosten. Die überaus feuchte Luft des tropischen Meeres bringt eine jährliche Regenmenge bis zu 10 Meter nach Südasien.

Machtvollkommenheit den Bau neuer Kraftwerke verhindert haben werden mit dem Erfolg, daß in drei oder acht Jahren der Strom in Deutschland rationiert werden muß. Es wird interessant sein, was dann die Bevölkerung dazu sagen wird, wenn ihnen pro Tag drei bis vier Stunden der Strom abgeschaltet werden muß. Wie werden sie reagieren, wenn sie dann bei Kerzenlicht ihre Abende verbringen müssen, wenn dann die elektrischen Bedienungseinrichtungen ihrer Ölheizungen ausfallen; wenn ihre Gefriertruhen auftauen und vor allem wenn ihre Fernsehschirme blank werden? Dann werden diese Bürger bestimmt regional auf die Barrikaden steigen. Sie werden sagen, daß es bei ihnen selbst bisher doch immer

geklappt hätte. Nur die anderen brauchten mehr Strom, und so sollten sie dann auch das Umweltverschmutzungsproblem der zusätzlichen Energieerzeugung selbst verkraften.

Auch in unserer doch so ordentlichen und bisher recht gut beherrschten Zivilisation wird es bald dazu kommen, daß der Schwarze Peter mit immer größerer Frequenz hin und her gereicht wird. Wie sollen sich jetzt die Entwicklungsländer dazu stellen? Diese sitzen doch auf dem großen Zuwachs in ihrer Bevölkerung, und die Klugen unter ihnen haben längst begriffen, daß nur eine steil hochgerissene Superlandwirtschaft, Superindustrie und Superenergiewirtschaft sie vor dem Verhungern bewahren wird. Wir dürfen uns nicht wundern, daß die Regierungen dieser Länder aus unseren Erfahrungen überhaupt nichts lernen wollen. Auch sie roden Wälder nieder, bauen umweltverschmutzende Industrien und Kraftwerke auf, weil es die einfachste und billigste Art ist, in dem tödlichen Wettrennen der Menschheit vor dem Verhungern am Ball zu bleiben. Die Entwicklungsländer sind daher verständlicherweise noch größere Verderber unserer Umwelt, als wir es jemals waren. Man darf ihnen das nicht einmal übelnehmen. Sie müssen es sein, da sie in das Wettrennen zu einem Zeitpunkt eingestiegen sind, in dem das Tempo schon um ein Vielfaches angestiegen war. Selbst das reicht freilich den Entwicklungsländern noch nicht, und diesen Anspruch können wir ihnen ja auch gar nicht versagen: Sie möchten nicht nur gerade überleben können – nein, auch sie wollen an dem Segen der modernen Zivilisation teilhaben. Auch sie wollen letzten Endes dazu kommen, daß jede Familie ihr Auto, ihren Farbfernseher, ihre Gefriertruhe und ihren Urlaub hat. Selbst wenn die Zahl der Menschen von heute in den nächsten 50 Jahren nicht um eine einzige Person zunähme, so wären diese Ansprüche glatterdings unerfüllbar. Um nämlich all diesen Wünschen gerecht zu werden, müßten die Superwirtschaften so vergrößert werden, daß eine Umweltvergiftung nicht zu vermeiden wäre.

Es wird vielfach davon gesprochen, daß neue Techniken entwickelt werden könnten und entwickelt werden sollen, um das Doppelte oder das Zehnfache an Produkten in der Landwirtschaft, in der Industrie und in der Energieerzeugung zu erzielen, ohne dabei die Abfälle wesentlich zu steigern. Ein solches Ziel freilich wird dazu führen, daß diese Lebensgüter sich in ihren Kosten ebenfalls verdoppeln oder verzehnfachen. Da die Menschheit nicht die Hilfsmittel und die Arbeitskraft besitzt, eine solche Verdoppelung oder Verzehnfachung ihrer Leistungen zu schaffen, müssen die Armen dieser Welt auf eine Verbesserung ihres Loses um so länger warten. Diese Überlegungen allein sind schon niederschmetternd, und wir haben dabei noch nicht einmal berücksichtigt, daß die Zahl der Menschen, welche jene Ansprüche mit immer größerem Druck gel-

tend macht, laufend zunimmt. Nun haben wir – so will mir scheinen – wirklich jene Stelle erreicht, in der ein jeder die absolute Notwendigkeit dieser unabdingbaren Forderung einsehen muß: Wir müssen unsere unbändige Fruchtbarkeit zügeln, unsere zerstörerische Vermehrung zum Stillstand bringen und uns sogar in unserer Zahl entscheidend zurückentwickeln.

Als der Mensch den Zusammenhang zwischen sexueller Betätigung und Nachkommenschaft begriff, hatte er auch schon das erste Mittel zur Beschränkung seiner Fortpflanzung in der Hand: Enthaltsamkeit. Dieses Mittel jedoch ist unter allen Methoden zur Geburtenkontrolle das untauglichste. Wir sprachen zuvor schon von den großen Hindernissen, welche die Natur unserer Fortpflanzung als Gattung in den Weg legen mußte: die lange Schwangerschaft, die Hilflosigkeit des menschlichen Neugeborenen, die überaus lange Reifezeit und die große Seltenheit von Zwillings- oder Mehrlingsgeburten. Diese Eigenschaften teilen wir mit den körperlich größten Tieren – mit den Pferden und Rindern, den Nashörnern und Giraffen, den Elefanten und Walen. Diese gewaltigen Nachteile hat die Natur durch einen besonders starken Sexualtrieb wettgemacht. Es ist unnatürlich, ja biologisch sogar unmöglich, diesen Trieb unterdrücken zu wollen. Das Zölibat hat sich im rein Geistigen auf die Dauer nur für wenige bewährt, und als Geburtenbremse ist es völlig ungeeignet.

Da es müßig ist, den Geschlechtstrieb des Menschen hemmen oder auch nur einschränken zu wollen, bleiben uns nur noch Hilfsmittel übrig, welche – selbst bei vollzogenem Geschlechtsakt – die Befruchtung des weiblichen Eis verhindern. Schon seit Urzeiten ist uns bekannt, daß die Frau einschließlich der Lebensdauer des männlichen Samens in ihrem Körper nur drei bis fünf Tage pro Monat fruchtbar ist. Die Kenntnis dieser Möglichkeit der Befruchtungskontrolle jedoch hat in der Geschichte der Menschheit für eine Einschränkung unserer Vermehrung kaum eine Rolle gespielt. Es sieht so aus, als ob diese Methode nur wenigen, intelligenten Menschenpaaren vorbehalten sei. Auch eine mechanische Verhinderung der Befruchtung trotz des vollzogenen Aktes, wie etwa das Präservativ oder das Pessar, haben in der Bevölkerungskurve bisher nicht einmal einen feststellbaren Knick verursacht.

Ein entscheidender Durchbruch gelang der Biochemie. Mit der berühmten Pille wird in den Monatszyklus der Frau eingegriffen. Durch Verabreichung von entsprechenden Hormonen wird ihren Reproduktionsorganen, ja sogar ihrem ganzen Körper, vorgetäuscht, es sei vor kurzem eine Eizelle befruchtet worden. Daraufhin schaltet der ganze weibliche Organismus jede weitere Empfängnisbereitschaft ab, da das bereits befruchtete Ei in seiner Entwicklung überhaupt nicht gestört werden darf. Das ist eine so gerissene Überlistung des weiblichen Organismus, daß diese Pille eine praktisch hundertprozentige Wirkung besitzt. Zum erstenmal in ihrer ganzen Geschichte hatte die Menschheit ein Empfängnisverhütungsmittel, das ihren Bedürfnissen gerecht wurde. Das Sexualleben konnte ungehindert weiterlaufen, während die Zahl der gewünschten Geburten von einer klugen Frau völlig beherrscht werden konnte.

Viele waren der Meinung, daß nunmehr das Problem der Übervölkerung nur noch eine Frage der Zeit sei. Es ist heute ohne weiteres möglich, die etwa eine Milliarde fruchtbarer Frauen dieser Erde mit der Pille zu versorgen und dadurch die Vermehrung der Menschheit nach Wunsch zu beschränken. Dieses großartige Verfahren jedoch scheitert an zwei Hindernissen, die fast unüberwindbar scheinen.

Eine große Zahl von Frauen – ja, sogar die Mehrzahl von ihnen –, denen man die Pille auch kostenlos jeden Tag zur Verfügung stellte, sind nicht genug aufgeklärt, um Anwendungsweise und Wirkung dieses geburtenverhindernden Medikaments zu begreifen. Sie haben nicht die rechte Erziehung genossen, so daß ihnen der Einblick fehlt. Sie sind nicht imstande einzusehen, daß sie sich mit dem regelmäßigen Gebrauch der Pille zusätzlichen Kummer und Arbeit ersparen, ja, sogar unter Umständen ihr Leben retten können. Auch fehlt ihnen das Verständnis dafür, daß viele Kinder besser ungeboren bleiben als sonst als Kleinkinder Hungers zu sterben. Ihre Männer sind genauso uneinsichtig. Auch sie begreifen das nicht. Das ist einer der wichtigsten Gründe, weshalb groß angelegte Kampagnen, in Entwicklungsländern die Pille als Geburtenkontrollelement einzuführen, gescheitert sind. So vermehrt sich die Menschheit immer weiter bis zur Katastrophe.

Zu dem Mangel an Einsicht gesellt sich dann auch noch ein unglückseliges religiöses Erbe, das die moderne Menschheit heute belastet. In einem vorangegangenen Kapitel haben wir davon gesprochen, daß eine möglichst große Nachkommenschaft zu allen Zeiten als ein göttlicher Segen angesehen wird. Diese Vorstellung war auch völlig richtig zu einer Zeit, in der die Menschheit mit ihrer Kindersterblichkeit und ihren schlechten Überlebenschancen fast immer am Rand der Vernichtung schwebte. Erzeugung von Nachkommen, vor allem männlicher Nachkommenschaft, war daher seit je ein religiöses Gebot. Heute, da sich die Notwendigkeit und damit eigentlich die Moral völlig gewandelt hat, hängen traditionsverhaftete Religionen immer noch an diesen archaischen Vorstellungen.

Nur so ist es zu erklären, weshalb die katholische Kirche diese humanste, ja vielleicht sogar christlichste Schöpfung der modernen Biochemie, nämlich die Pille, abgelehnt hat. Das ist für viele schwer zu verstehen, da nämlich mit dieser Ablehnung nicht etwa Schutz des Lebens und Abwehr des Leidens gefördert werden, sondern genau das unchristliche Gegenteil. Mit ihrer Ablehnung des Sexus hat das Christentum in den 2000 Jahren seiner Geschichte auch nicht einen Meter an Boden gewonnen, weil diese Doktrin der menschlichen Biologie zuwiderläuft. Man kann weiteres Unheil durch die Übervölkerung, welche die Kirche auch nicht verkennt, nicht durch einen Appell an die Enthaltsamkeit verhindern. Es erscheint daher unbegreiflich, wieso die Kirche diesen moralisch und ethisch untadeligen Ausweg der Pille nicht gehen will.

Die Dogmen anderer großer Religionen sind ähnlich uneinsichtig. Das Ideal des Buddhismus, daß jedes Leben heilig ist und daher geschützt und geschont werden muß, ist in seinem Entwurf nur zu bewundern. Aber auch dieses Ideal verstößt gegen die Naturgesetze. Ist es moralischer, ist es ethischer, wenn viele Menschen verhungern müssen, weil man die heiligen Kühe nicht schlachten darf – ja, sogar weil ihre Fütterung als wichtiger angesehen wird als die Ernährung der eigenen Kinder? Die mohammedanische Besessenheit in bezug auf männliche Nachkommenschaft tut auch ein übriges, um die Sitten menschlicher Fortpflanzung in der heutigen Zeit ungünstig zu beeinflussen. Wie viele Kinder wurden zusätzlich geboren, weil nach einer Reihe von Mädchen ein Vater endlich durch die Zeugung eines Sohnes seine eigene Männlichkeit beweisen mußte? Diese übersteigerte Bedeutung des sogenannten Stammhalters ist der heutigen Situation überhaupt nicht mehr angepaßt. Warum auch dürfen nur männliche Nachkommen den Familiennamen weiterführen, während jedes Mädchen seines Familienna-

mens verlustig geht, wenn es heiratet? Darin stecken uralte Überlieferungen, vor allem aus dem semitischen und arabischen Erbe unserer westlichen Kultur, als nur männliche Erben das Eigentum der Familie, ihren Namen und damit den Fortbestand der Sippe sicherten.

Im jüdischen, frühchristlichen und mohammedanischen Kulturbereich wurden weibliche Nachkommen überhaupt nicht gezählt, und heute noch braucht jeder jungverheiratete Ehemann seinen Kronprinzen.

Wenn wir also weltweit eine Geburtenkontrolle anstreben, so haben wir es mit gewaltigen Hindernissen zu tun, die in unserer Biologie, in unserer Psychologie und in unserer tief verwurzelten Tradition verankert sind. Viele nachdenkliche Menschen, die sich diesem Problem gewidmet haben, sind sehr pessimistisch. Es sieht überhaupt nicht so aus, so sagen sie, als ob diese gewaltigen Barrieren in den nächsten 20 oder 30 Jahren niedergerungen werden können. Ja, selbst diese Zeit erscheint zu lang. Das ist der Grund, weshalb eine Bevölkerungszahl von acht, zehn oder vielleicht sogar zwölf Milliarden während der ersten Jahrzehnte des nächsten Jahrhunderts unvermeidlich erscheint. Die Pessimisten unter uns haben alle großen Argumente auf ihrer Seite.

So hat sich der führende amerikanische Ökologe Paul Ehrlich in einer Veröffentlichung im Jahr 1970 zur Resignation entschlossen. Wenn bis zum Jahr 1972 – so sagte er damals – nicht entscheidend neue Impulse zur Lösung dieses Problems sichtbar seien, so würde er persönlich es »aufgeben«, dann in sein Privatleben zurückkehren und sich noch ein paar Jahre daran freuen, daß er nicht mehr als ein Apostel des Jüngsten Tages umherreisen und die Menschen zur Tat aufrütteln müsse. Aldous Huxley, der als einer der ersten schon vor Jahrzehnten gewarnt hatte, sah noch Möglichkeiten.

Er vertraute darauf, daß die Menschheit den letzten Intelligenztest bestehen würde. Auch der belesene deutsche Zukunftsforscher Robert Jungk ist voller Hoffnung, ja sogar voller Begeisterung. Er sieht in dem jungen Menschen von heute einen neuen Menschentyp heranreifen, der sich seiner Verpflichtung der Zukunft gegenüber bewußt ist. Eine neue Generation von Wissenschaftlern, so sieht er es, reift heran. Die ältere Generation mit ihren großartigen Erfolgen und Erfindungen, vom künstlichen Dünger über die Atombombe, Weltraumfahrt bis zum Laser, war blind gegenüber den möglichen Folgen in der Anwendung ihrer Entdeckungen. Nicht so die jungen Menschen von heute. Sie haben ein Gespür für das, was in ihrer Zukunft wichtig ist, und man könnte ihnen die Lösung dieser gewaltigen Probleme – zwar mit Bangen, aber doch mit Hoffnungen – überlassen.

Es ist in der Tat so, daß man in den langhaarigen und uns vielfach unverständlichen Protestlern von heute die Hoffnung sehen kann. Ja, man muß es sogar, denn andere Nachkommen, die im Jahr 2000 die Dinge lenken sollen, haben wir nicht. Instinktiv sind sie mit der Leistung unserer Generation unzufrieden. Weltweit schon haben sie sich in der Überzeugung geeinigt, daß in unseren Idealen des industriellen Fortschritts und des Wachstums etwas nicht stimmt. Jeder von uns, die wir zu diesem Wachstum in den letzten Jahrzehnten beigetragen haben, muß ihnen darin recht geben. Es sieht so aus, als ob nur ein umwerfender Protest imstande sein wird, jene letzten Tabus über die menschliche Fortpflanzung zu brechen. Appelle an die Enthaltsamkeit, altmodische Mittel zur Empfängnisverhütung und selbst die Pille vermögen nichts, wenn die Sitte sich nicht ändert. Der Menschheit ist nur zu helfen, wenn höchstens zwei Kinder pro Elternpaar gesellschaftsfähig wären; jedes dritte oder gar vierte Kind wäre dann eine Schande. Das ist etwas, was die ältere Generation niemals bewerkstelligen kann. Wir haben uns mit Kriegen, mit politischen Ideologien, mit Rassenkonflikten und mit altmodischem Machtgerangel so sehr beschäftigt, daß uns das größte Problem unserer Zeit, nämlich die Übervölkerung, völlig entgangen ist. So ist auch unser Denken vielen altmodischen Begriffen verhaftet, und wir können dieser neuen Moral nicht zur Existenz verhelfen. Es ist vielleicht der schlimmste Vorwurf, den man dem Kommunismus machen muß: Mit einer Philosophie und einer Lehre aus dem vorigen Jahrhundert hindert er mit staatspolitischer Macht seine Jugend daran, mit den jungen Menschen der westlichen Welt auf dem instinktiv erkannten, richtigen Weg zur Lösung zusammenzuarbeiten. Die Kinder der westlichen Welt haben mit ihrem unbändigen Wunsch nach Versöhnung und Frieden, mit dem sie schon Grenzen gesprengt haben, vielleicht auch jene Kräfte mobilisiert, die einst die weise Beschränkung unserer Selbst in unserer Zahl zu einer moralischen Pflicht machen könnte. Darin liegt freilich die einzige Hoffnung; denn jede altmodische Lösung, begründet auf der Anbetung des Goldenen Kalbs »Wachstum«, muß in die Irre führen. Der Menschheit, wenn sie von politischen Ideologien befreit wird, steht jene Intelligenz zur Verfügung, um diesen letzten Test dennoch zu meistern.

Die Hoffnungen unserer Optimisten – an ihrer Spitze Aldous Huxley und Robert Jungk – gründen sich freilich darauf, daß wir als Menschheit die Gründe für unser Dilemma begreifen. Daher ist es wichtig, daß jeder die Naturgesetzlichkeit, in die unser Planet und wir eingebettet sind, versteht. Nur dann können wir sinnvoll handeln.

12 »Morgen, morgen, nur nicht heute!«

In den vorangegangenen Kapiteln haben wir Probleme in der Naturgeschichte unseres Planeten und unserer Selbst besprochen, die im Laufe der nächsten 100 Jahre zu schweren Menschheitssorgen heranwachsen werden. Es liegt auf der Hand, daß diese Probleme gelöst werden müssen, wenn die Menschheit nicht im Chaos versinken will. Diese Probleme müssen mit all unserem Wissen *heute,* und nicht erst morgen angepackt werden. Viele von uns, vor allem unsere kurzlebigen und daher beruflich myopischen Regierungen, sagen gerade das Gegenteil: Morgen, morgen, nur nicht heute.

Im letzten Kapitel nun wollen wir unsere ohnehin schon gewagte Vorausschau um eine Größenordnung erweitern und nach den nächsten 1000 Jahren fragen. Es zeigt sich nämlich, daß wir mit unserem Tun und Lassen heute schon für das Schicksal unserer Gattung auch im nächsten Jahrtausend eine ziemliche Verantwortung tragen. Wenn wir die Probleme treiben lassen, werden unsere Nachfahren in unserer Generation keineswegs die gloriosen Begründer des wissenschaftlichen Fortschritts und die Architekten einer himmelstürmenden Technik erblicken – eine Rolle, in der wir uns vielfach gefallen; in ihren Augen sind wir dann vielmehr verantwortungslose Schänder eines Planeten, auf dem sie selbst einst leben müssen. Wir haben ja gesehen, wie wir mit unserer Technik und Wissenschaft das Gleichgewicht auf unserem Planeten bereits ins Wanken gebracht haben. Es sollten daher auch Techniker und Wissenschaftler heute auf Entscheidungen für Maßnahmen dringen, die von den Generationen nach uns oder besser von uns selbst noch unmittelbar ergriffen werden müssen.

Wie zuvor kommen mir auch bei diesem Thema einige persönliche Erinnerungen. Zu meinen größten Eindrücken als Wissenschaftler zählt hierbei der klassische Prozeß gegen den amerikanischen Atomphysiker J. Robert Oppenheimer, der am 12. April 1954 begann und etwa drei Wochen dauerte. Wenn der Ausdruck Prozeß gebraucht wird, so ist das falsch, da es sich nur um ein »Hearing« handelte, ein Ermittlungsverfahren. Ein ähnlicher Vorgang ist bekannt geworden in der Geschichte vor etwa 300 Jahren unter der Bezeichnung »Galilei-Prozeß«. Galilei und Oppenheimer verbindet ein Vorgang: Die Menschheit war zutiefst beunruhigt durch die Ergebnisse der Wissenschaft. Weil sie sie nicht so recht verstand, suchte sie nach bewährtem Rezept einen Schuldigen.

Oppenheimer, im Jahr 1904 geboren, kennzeichnet eine Generation von Wissenschaftlern, zu denen auch ich, wenn auch neun Jahre jünger, gehöre. Sein Schicksal hat viel dazu beigetragen, daß ich mir über den Sinn unserer Tätigkeit als Wissenschaftler völlig neue Gedanken gemacht habe. Zuvor schon habe ich geschildert, wie positiv, wie optimistisch ich immer war und daß ich für die Zukunft der Menschheit aufgrund der Kraft unserer Erkenntnisse, unserer Erfindungen und unserer Fortschritte nur das Beste erwartete. Inzwischen sehen wir, daß sich durch unsere Superleistungen auf dem Gebiet der Landwirtschaft, der Technik und der Energieversorgung die Menschheit explosionsartig vergrößert hat und in vorausschaubarer Zeit einer schweren Katastrophe entgegeneilt. Es wäre müßig, die Schuld für diese bevorstehende, fast unvermeidlich erscheinende Katastrophe dem einen oder anderen zuzuschieben. Der unerhörte Erfolg von uns Technikern und Wissenschaftlern hat allerdings einen entscheidenden Anteil an dieser »Schuld«.

Die Ursachen eines Problems und die Möglichkeiten seiner Lösung sind glücklicherweise jedoch vielfach nur die beiden Seiten einer Münze. Wenn unsere Generation und die unserer Väter die Voraussetzungen für diese galoppierende Katastrophe zwar geschaffen haben, so müssen wir die Münze nur herumdrehen, um dort Ansätze für mögliche Lösungen zu finden. Man kann unserer Generation vielleicht den Vorwurf machen, daß wir nicht mit der nötigen Voraussicht gehandelt haben. Nicht vielleicht bei unseren Entdeckungen und Erfindungen, sondern wohl nur bei der Überwachung und der Fürsorge bei ihren Anwendungen. Darum drehte es sich bei diesen beiden großen wissenschaftlichen Prozessen in unserer Geschichte. Galilei hat in der großen Begeisterung über seine Erkenntnis mit offenen Armen der Welt lauthals verkündet, daß die Erde sich um die Sonne dreht. Er hat dabei nicht bedacht, daß die Anwendung dieser Erkenntnisse als Waffe zum Angriff auf die geistigen Grundlagen seiner Zeit dienen konnte. Ähnlich erging es Oppenheimer. Als »Vater der Atombombe« wurde er zum *mad scientist* verteufelt, der an allen technischen und wissenschaftlichen Übeln unserer Zeit schuld war.

Vor der heutigen Jugend haben wir als Wissenschaftler der Oppenheimer-Generation offenbar eine ziemlich schlechte Position. Mit einem gewissen Recht weisen viele auf die schlimmen Folgen in der Anwendung unserer Erkenntnisse und Erfindungen hin: Weltverschmutzung, Vietnam-Krieg als Typus unseres Erbes, eine drohende Weltvernichtung durch einen nuklearen Krieg und eine im ganzen doch recht trostlose Zukunft für die Menschheit. Wie sollen wir Wissenschaftler unserer Generation, die wir im zweiten Drittel dieses Jahrhunderts gewirkt haben, uns dagegen verteidigen?

Wenn wir die Leistungen unserer Väter und jüngeren Großväter noch dazuzählen, so kommt auf unser Konto die Gestaltung des heutigen Lebens der Menschheit mit vielen, immerhin recht segensreichen Ergebnissen. In unsere Periode fällt die Nutzung der Dampfkraft, die Entdeckung der Gesetze des Elektromagnetismus und die Entwicklung der elektrischen Energie; die Erfindung des Verbrennungs- und Dieselmotors und die Revolution des Personen- und Gütertransportes; die Entdeckung der elektromagnetischen Wellen mit dem Radio und dem Fernsehen in ihrem Gefolge; die Entwicklung der wichtigsten Düngemittel und der erfolgreichen Schädlingsbekämpfung; die Fortschritte der Chemie und damit die Grundlagen der weltweiten Industrie; die Erfindung des Flugzeuges und der Weltraumfahrt; die Schaffung der Computertechnik; die segensreichen Fortschritte in der Medizin von Penicillin bis zur Organverpflanzung. Das ist eine stolze Liste, die freilich in den Augen der jüngeren Generation im Hinblick auf die ungelösten Probleme der Zukunft verblaßt. In Wirklichkeit jedoch besteht die andere Seite der Münze – und das ist das Erbe unserer Generation an die nächste – aus einer Fülle von Erkenntnissen, mit denen man die Probleme der

Zukunft selbst bei allem Pessimismus dennoch wird lösen können und müssen. Das einzige große Problem, das wir unseren Kindern noch nicht völlig gelöst in die Hand geben können, ist eine technisch nutzbare Form der Kernverschmelzung als Energiequelle. Die Lösung dieses für die Zukunft der Menschheit wichtigsten Problemes müssen wir allerdings unseren Kindern noch überlassen. Es zeigt sich nämlich bei näherer Betrachtung, daß die Zukunft der Menschheit sich nur auf der Basis des vielleicht wichtigsten Gesetzes der Physik garantieren läßt: des Gesetzes von der Erhaltung der Energie.

Im folgenden wollen wir nämlich versuchen, einen Blick in die Zukunft der Menschheit zu werfen, und zwar ein Stück weiter als bis zu jener Grenze, die vielen von uns wie ein Alptraum bevorsteht. Wir wollen uns überlegen, wie es einer Menschheit ergehen kann und was sie für ihre Existenz tun muß, die nach dem Jahr 2050 oder nach dem Jahr 2100 unseren Planeten noch bevölkern soll. Es dreht sich also um die Welt nicht unserer Enkel und Kinder, sondern unserer Ururenkel. Eigentlich ist ein solcher Sprung in die Zukunft gar nicht so groß, wenn wir bedenken, daß wir damit eine kleinere Strecke in die Zukunft schauen müssen wie es einem Rückblick bis zur Französischen Revolution entspricht: die Zeit von Napoleon und Beethoven.

Die meisten von uns Wissenschaftlern, die über die Zukunft nachgedacht haben, wagen es eigentlich gar nicht so recht, über die Zeitspanne von 2000 bis 2075 hinweg zu blicken. Dort nämlich türmt sich in unserer Phantasie jene unüberschaubare und vielleicht wirklich unvermeidbare Menschheitskatastrophe auf. Bei allem Optimismus können wir uns nicht so recht vorstellen, wie 12, 15 oder sogar 20 Milliarden Menschen auf dieser Erde miteinander auskommen sollen,

da wir heute mit noch nicht einmal vier Milliarden schon so viele Sorgen haben. Wie dem auch sei, wir wollen einen Blick jenseits dieser kritischen Zeitspanne werfen, in der sich die Woge der Menschheit, so wie wir es in einem vorangegangenen Kapitel beschrieben haben, brechen wird oder sich vielleicht schon gebrochen hat.

Wenn ich eine Prophezeihung über das Schicksal der Menschheit in der Zukunft des nächsten Jahrtausends wage, so möchte ich eben die nächsten 100 Jahre ausklammern. So merkwürdig es klingen mag: Es ist schwieriger, etwas über das Schicksal der Menschheit während der nächsten 100 Jahre auszusagen, als über ihr Schicksal jenseits dieser Grenze. Um zum Lauf der Dinge während des kritischen Jahrhunderts, das uns zwischen heute und dem Jahr 2075 ins Haus steht, etwas Bündiges sagen zu wollen, müßte man Fachmann auf so vielen Gebieten sein, daß ein einzelner so etwas nicht meistern kann. Was gehört denn da alles dazu: Politik, die Wirtschaftswissenschaften, Geologie und Physik, Technik und Industrie, Transportwesen und Metallurgie, Landwirtschaft und Biologie, Ozeanographie und Klimatologie, Weltraumfahrt und Völkerpsychologie. Nur dann hätte man mit Hilfe von Computern eine Chance, hier zu einer einigermaßen sinnvollen Voraussage zu kommen. Wenn ich mir anmaße, etwas über das Schicksal der Menschheit jenseits des 1. Januar 2075 auszusagen, dann nur deshalb, weil ich alle Überlegungen dieser komplexen Wissenschaftsgebiete beiseite lassen kann. Das Schicksal der Menschen etwa von jenem Tag an in die Zukunft läßt sich allein durch die Tatsache abschätzen, daß es dem Energieprinzip entsprechen muß.

In einem vorangegangenen Kapitel hatten wir ja über die Energievorräte unseres blauen Planeten gesprochen, ebenso darüber, welche weiteren Möglichkeiten uns zur

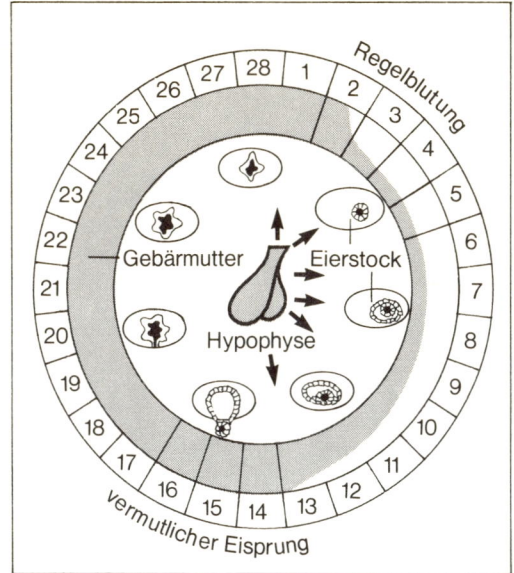

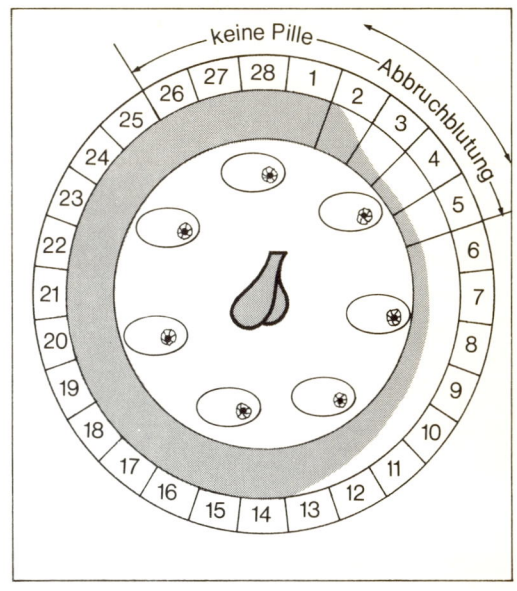

Wirkungsweise der »Pille«. Links: Der normale weibliche Monatszyklus von 28 Tagen ist als Kreis dargestellt, mit den ersten Anzeichen der Menses am 1. und 2. Tag. Die Hypophyse steuert durch ihre Hormonausschüttung den Eisprung (15. bis 16. Tag) und bei Befruchtung die Einni-stung des Eis in die Gebärmutterschleimhaut. Rechts: Bei Einnahme der »Pille« zwischen dem 6. und 25. Tag des Zyklus unterbleibt die Hormonausschüttung der Hypophyse. Es kommt nicht zum Eisprung.

Verfügung stehen, zusätzliche Energiequellen zu erschließen. Die modernen Erkenntnisse unserer heutigen Naturwissenschaft machen uns Hoffnung; sie zeigen allerdings auch, daß es noch viel Schwierigkeiten machen wird, der Natur das Geheimnis der Kernverschmelzung zu entreißen. Die wichtigste Erkenntnis jedoch für uns heute besteht eben darin, daß uns dieser letzte und entscheidende Durchbruch in unserer Technik gelingen muß. Andernfalls bleibt der Menschheit lediglich das Schicksal, sich nach einer unaussprechlichen Katastrophe voller Tod, Leid und Chaos wieder zu einer frühgeschichtlichen Menschheit zurückzuentwickeln – zurück zu einer Zeit, als wir unser Leben noch mühsam als Jäger, Früchte-sammler und primitive Ackerbauer fristeten. Sollten wir jedoch Zugang zu den praktisch unerschöpflichen Energiequellen des Deuteriums finden, dann brauchen wir uns weiter keine Gedanken zu machen. In dem Kapitel über Energie hatten wir ja gesehen, daß die Deuteriummenge in unserem Weltmeer uns auch bis in die fernste Zukunft versorgen kann. Dabei brauchen wir uns auch über alle anderen Probleme der Menschheit keine Gedanken zu machen, da ein ausreichender Energievorrat es uns ermöglicht, unser Leben, unsere Zivilisation und unsere Kultur völlig zu bestreiten. Selbst den ganzen Komplex der Landwirtschaft für die Ernährung können wir an dieser Stelle außer acht lassen. Wenn genügend verschmutzungsfreie

Energie zur Verfügung steht, dann kann sich der Mensch jedes Nahrungsmittel auch künstlich herstellen. Unser Schicksal als Menschheit hängt daher davon ab, ob es uns gelingt, für die nächsten Jahrtausende – oder wenn man so will – für die nächsten Jahrmillionen die nötige Energie pro Kopf unserer Bevölkerung bereitzustellen und zu nutzen. Der Witz ist leider, daß wir den Schlüssel zu dieser Energieschatzkammer noch nicht gefunden haben.

An dieser Stelle wird vielleicht auch klar, weshalb ich bei der Betrachtung dieses Themas so sehr an die Oppenheimer Affäre erinnert worden bin. Oppenheimer hat für uns Wissenschaftler eigentlich nur geltend gemacht, daß man uns nicht die Motivierung für unser Tun vorschreiben solle. Nun hatten wir uns ja gerade überlegt, daß der Fortbestand der Menschheit in den nächsten Jahrtausenden nur durch die Bereitstellung einer sauberen Energiequelle möglich ist. So muß man uns Wissenschaftler und Techniker denn auch an der Entwicklung einer solchen Energiequelle arbeiten lassen. Wir müssen es ablehnen, daß uns Wirtschaftsbosse aus Düsseldorf und Detroit, ökonomische Apparatschiks in den Zentralkomitees in Moskau und Ostberlin und ehrgeizige Präsidenten von erst kürzlich selbständig gewordenen Entwicklungsländern in den Arm fallen. Diese Auftraggeber sind nämlich insgesamt zu kurzsichtig. Abgesehen davon, daß sie sich wegen kleiner, kurzfristiger Vorteile dauernd in den Haaren liegen, fehlt ihnen ein Verantwortungsgefühl, das auch nur über ihre mutmaßliche Regierungszeit, das heißt etwa für die Länge eines Jahrzehnts hinausgeht. Dieser Mangel an Verantwortung für die Zukunft bei unseren modernen Regierungsstrukturen ist sogar noch viel schlimmer als in der klassischen Familie. Einem Regierungschef, dem Vorsitzenden eines Zentralkomitees oder dem Prä-

sidenten eines afrikanischen oder südamerikanischen Staates ist es ziemlich gleichgültig, wie die Welt zehn Jahre später aussehen wird. Die Wahrscheinlichkeit, daß er dann noch an der Regierung sein wird, ist ja viel zu klein. In der Familie reicht die Fürsorge für die Zukunft schon etwas weiter. Für das Wohl seiner Kinder bringt jedes Elternpaar große Opfer; auch sorgt man als Großeltern noch dafür, daß das Familienvermögen unter den Enkelkindern gerecht aufgeteilt wird. Nur wenige von uns begegnen ihren eigenen Urenkeln. Auch wenn das geschieht, so hat man die Verantwortung für ihr zukünftiges Wohlergehen doch schon fast völlig deren Eltern und Großeltern übertragen. Ururenkel sind eine Fiktion, die es in unserem Bewußtsein eigentlich gar nicht mehr so recht gibt. Sollen wir als Menschheit uns heute denn bei dem Raubbau der fossilen Energievorräte nur deshalb die Zügel anlegen, weil unsere Urenkel auch vielleicht noch bitter auf sie angewiesen sein werden? Das vermögen wir bei Zeiträumen von einem Jahrhundert und mehr eben nicht mehr so recht zu überschauen, und jeder huldigt der Philosophie »Nach uns die Sintflut«.

Nun gibt es freilich viele Menschen – nicht nur Wissenschaftler –, die sich für das Schicksal unserer Urenkel brennend interessieren. Sie tun dies nicht deshalb, weil sie persönlich ihre Urenkel kennen, sondern weil sie die Geschichte und damit auch die Zukunft der Gattung *homo sapiens* intellektuell als etwas sehr Spannendes empfinden. Die Philosophen, die Physiker, die Astronomen und die Biologen unter ihnen folgen in ihrem Denken dabei den Prämissen von Oppenheimer. Auch wenn sie ihren Urenkeln niemals persönlich gegenübertreten werden, so wollen sie doch vor ihnen bestehen können.

Da unsere Generationen die ersten sind,

welche einen Einblick in die Naturgeschichte unseres blauen Planeten gewonnen haben, so erhoffen sie von ihren Urenkeln – ja vielleicht sogar von der Menschheit in 1000 Jahren – einen gewissen Respekt. Zuvor schon haben wir mehrfach darauf hingewiesen, daß der Zeitraum zwischen 1850 und vermutlich bis ungefähr 2075 eine echte Schicksalswende in der Geschichte der Menschheit kennzeichnet. In diese Zeit fallen zwei große Ereignisse: die sehr starke, einer Katastrophe sich zuwendende Bevölkerungszunahme und der fast völlige Verbrauch der fossilen Energieschätze unseres Planeten durch den Menschen. Diese beiden Dinge können in ihrer weiteren Fortentwicklung und in ihrem Ablauf nicht den klassischen Machthabern – wie zuvor in der Geschichte der Menschheit – überlassen bleiben. Uns Wissenschaftlern von heute und spätestens von morgen kommt es zu, immer wieder auf diese dringende Problematik hinzuweisen. Da Kohle, Öl und Erdgas heute noch so billig sind, möchte jeder politische Machthaber für die paar Jahre seiner Macht diese Energiequellen ohne jede Rücksicht auf die Zukunft ausschlachten. Sodann gibt es in vielen Ländern noch Regierungsmaßnahmen, welche die Bevölkerung zu einer möglichst schnellen Vermehrung anspornen. Diese völlig unzeitgemäßen Einstellungen und Bestrebungen sind zerstörerisch.

Worauf es ankommt, und darauf müssen wir Wissenschaftler der Generation von Oppenheimer unerbittlich drängen:

1. Der ungehemmten Bevölkerungszunahme muß Einhalt geboten werden.

2. Wir müssen spätestens heute beginnen, die ausreichende Energieversorgung für unsere Urenkel vorzubereiten. Die Philosophie praktisch aller Regierungen in Ost und West und in der dritten Welt jedoch lautet: Morgen, morgen, nur nicht heute.

Nun gibt es freilich in der Welt solche Dinge wie nationalen Egoismus, Sturheit politischer Ideologie, Machthunger, Grausamkeit und unverzeihlichen politischen Rachedurst. Man kann nur wenig Hoffnung haben, daß die Menschheit den einzigen Weg für ihr Überleben auch in eine fernere Zukunft von Jahrhunderten und Jahrtausenden so schnell einschlagen kann, wie es nötig sein wird. Zuvor hatten wir uns ja klargemacht, daß die Menschheit in 300 oder 3000 Jahren nur mit einer praktisch unerschöpflichen Energiequelle wird leben können. Die Sonnenenergie, die Energie der Wasserkraft und die Energie der Erdwärme sind in ihrer Kapazität vermutlich nicht ausreichend, um auch eine in ihrer Zahl sehr stark reduzierte Menschheit über die nächsten Jahrtausende hinwegzubringen. Die Verschmelzungsenergie des schweren Wassers, von dem es glücklicherweise ein überreiches Angebot in unserem Weltmeer gibt, muß uns zur Verfügung stehen, bevor die klassischen fossilen Energiequellen versiegen. Zur Erreichung dieses Ziels müssen wir uns als Gattung *homo sapiens* auf diesem Planeten in der allernächsten Zeit – und zwar heute und nicht morgen – zusammenschließen. Nur wenige Fachleute können heute abschätzen, wie schwierig es sein wird, den Schlüssel für diese unabdingbare Energiequelle zu finden, und dazu wird es noch der allergrößten Anstrengungen und unseres ganzen Wissens und unserer ganzen bisherigen Beherrschung der Naturkräfte bedürfen.

Wenn man die Dinge so betrachtet, so möchte man in den fossilen Energieschätzen in unserer Erdkruste geradezu eine Art von Vorsehung in der Naturgeschichte unseres blauen Planeten erblicken. Ohne Kohle, Öl und Erdgas in der Vergangenheit und in der nächsten Zukunft, ohne Uran und Lithium für die nächsten paar 100 Jahre hätte eine technische und wissenschaftliche Revolution

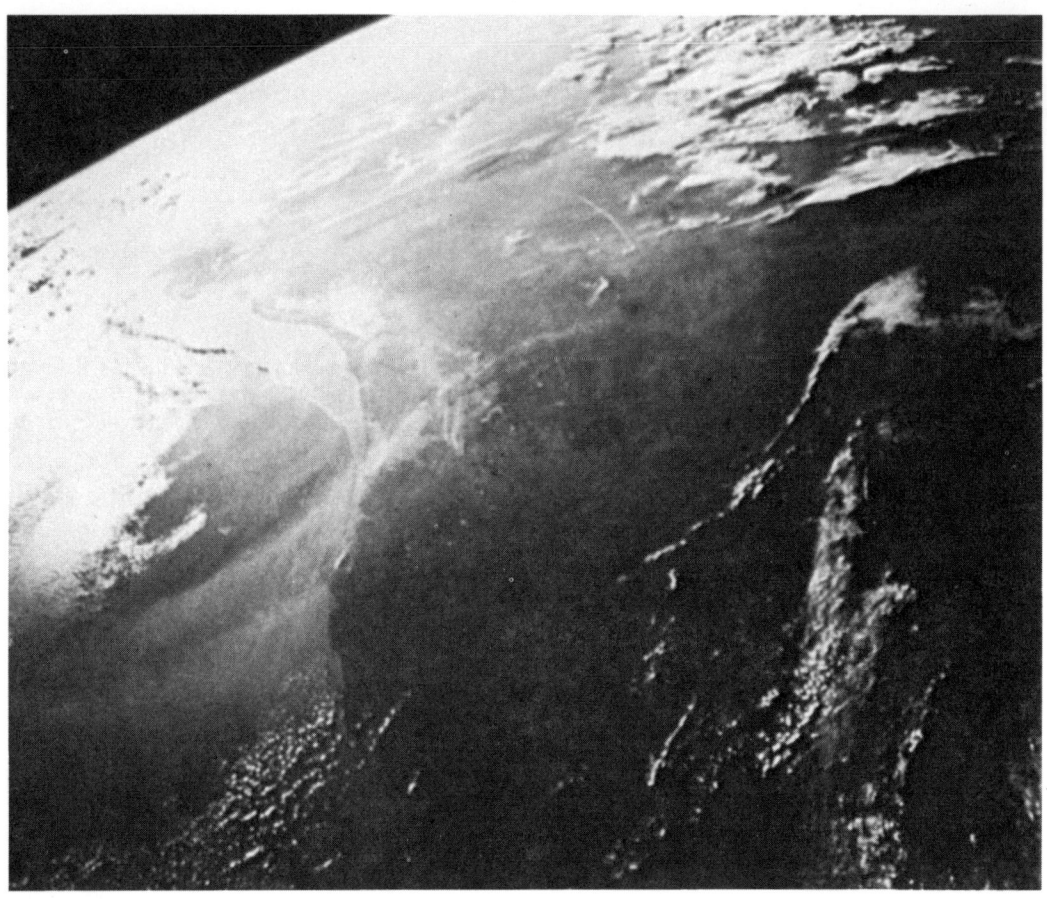

Unser blauer Planet kann durch eine uneinsichtige Menschheit nur zeitweilig so vergiftet werden, daß wir selbst umkommen könnten. Die kosmischen Kräfte, in die die Erde im All eingebettet ist, werden sie dann wieder neu beleben.

der Menschheit nicht stattfinden können. Einen schon zu großen Teil dieser unwiderbringlichen Naturschätze haben wir ausgebeutet und weggebrannt, um unsere moderne Zivilisation aufzubauen. Nein – der größte Teil dieser unwiderbringlichen Schätze wurde schon verfeuert, nur um unsere Zahl während dieser 100 Jahre so unsinnig zu vermehren. Gewiß, es bedurfte einer technisch-wissenschaftlichen Revolution und Zivilisation, um unsere Position als Menschheit in der Geschichte unseres Heimatplaneten überhaupt zu begreifen. Heute sind wir so weit, daß wir die Gesetze in ihrem Wesen erkannt haben. Auch wissen wir, daß uns mit den Resten der fossilen Energieschätze, die wir bisher noch nicht verschleudert haben, eine Chance gegeben ist. Wir können damit unsere technisch und wissenschaftlich orientierte Kultur noch für eine Weile unter Vermeidung einer Katastrophe fortsetzen.

Während dieser Zeit allerdings müssen wir als Menschheit den Schlüssel finden, der uns die Energie für den weiteren Fortbestand

136

sichert. Wenn wir uns die nächsten 100 Jahre noch weiterhin so streiten wie bisher, werden wir diese Chance verspielen. Wir müssen uns – heute beginnend – in unserer Zahl beschränken, damit uns mehr Energie übrigbleibt zur wissenschaftlichen Vorbereitung unseres Überlebens als Gattung. Wenn es uns nicht gelingen sollte, diese beiden Probleme eher heute als morgen zu lösen, gibt es für uns als fortschreitende Menschheit auf diesem Planeten keine Chance. Dann werden sich vielleicht höchstens 50 oder 100 Millionen von uns – wie einst – zu kleinen Gruppen von Jägern und Sammlern zurückentwickeln müssen, deren Energiebedarf dann diesen Urzuständen angemessen ist. Wir müssen für unsere Kinder an fossilen Energien einen ausreichenden Betrag reservieren, mit einer genügend großen wissenschaftlichen Zivilisation die entscheidenden, noch ausstehenden Erfindungen machen, um den Energiebedarf der Zukunft sicherstellen zu können. An dieser Stelle kann man wieder den klassischen Einwand machen, der bei allen technischen und wissenschaftlichen Prognosen auf der Hand liegt: Wiederum beurteilen wir die Zukunft auf der Basis dessen, was uns Wissenschaftlern heute als sicher bekannt erscheint. Wir haben Propheten aus dem 19. oder auch aus dem 18. Jahrhundert belächeln können, weil sie weder von der Elektrotechnik, noch von der Atomphysik eine Ahnung hatten. Dieses Risiko müssen wir aber bei diesen Betrachtungen eingehen. Noch vor 30 Jahren erschienen uns der Mikrokosmos und der Makrokosmos so recht verständlich, und man glaubte, daß es nur noch einiger Erfahrungen in unserer Erkenntnis bedürfe, um das Welträtsel zu begreifen. Inzwischen hat die sogenannte Hochenergiephysik eine verwirrende Fülle von neuen Atomteilchen entdeckt, die mit ihrer Existenz und mit ihren Umwandlungen völlig neue Dimensionen im Bereich der Materie eröffnet haben. So hat man Atomteilchen entdeckt, von denen man eigentlich nicht viel mehr weiß als den Namen, den man ihnen gegeben hat: Quarks. Umgekehrt, im Makrokosmos hat man Himmelskörper erforscht, bei denen es sich ebenfalls um Energiequellen handelt, die wir heute auch nur am Rande begreifen. Es sind dies die berühmten Quasare. Die Grenzen in der Erforschung unserer Welt sind in den letzten 15 bis 20 Jahren wieder völlig ins Fließen geraten. Wer weiß, ob nicht schon bald – in den nächsten 10, 50 oder 200 Jahren – ein völlig neuer Energiebegriff uns diese neuen Grenzen verständlich machen wird? Da die Bezeichnungen dieser beiden Neuerscheinungen am Horizont unseres derzeitigen Wissens im Kleinsten und im Größten jeweils mit »Q« beginnen, wollen wir von der Möglichkeit einer »Q-Energie« sprechen. Vielleicht entdecken unsere Ururenkel diese uns heute völlig unvorstellbaren Energiearten und können sie für den Fortbestand der Menschheit auch für die Jahrtausende oder sogar Jahrmillionen in der Zukunft nutzen. Dann freilich sind unsere Prophezeiungen genau so müßig, als wenn der Entdecker des Energieprinzips, Julius Robert von Mayer, vor 150 Jahren den Fortbestand der Menschheit daran hätte voraussagen wollen, wie viele Energien sich aus der Verbrennung des Holzes aller Bäume auf dieser Erde gewinnen ließe.

Wenn wir davon gesprochen haben, daß es für das Überleben der Zivilisation der Menschheit bis in die Jahrtausende der Zukunft hinein nur der Energie bedürfe, so stimmt das nicht ganz. Die technische Zivilisation benötigt auch Rohstoffe, und zwar in der Hauptsache Metalle, die in unserer Erdkruste auch nicht unerschöpflich vorhanden sind. Jedesmal, wenn bei einem Neubau ein Installateur das Ende eines Kupferdrahtes abknipst und nachlässig fallen läßt, verschwendet er ein unersetzliches Stück Material, das unsere Urenkel in 100, 10000 oder in einer Million Jahre bitter nötig brauchten. Die moderne Industrie benötigt Stoffe wie Aluminium, Chrom, Kobalt, Kadmium, Kupfer, Blei, Quecksilber, Molybdän, Nikkel, Titan, Zinn, Zink, Wolfram, Silber, Gold, Osmium, Platin und alle anderen. Obwohl unsere Erde doch so groß ist, hat sie nur einen bescheidenen Vorrat an diesen überaus seltenen Stoffen in der Natur. Heute schon wird es mit diesen Metallen knapp. Wie soll das in 100, in 1000, wie soll das in 10000 Jahren werden? Dabei kann man uns als heutige Generation über den Verbrauch dieser Metalle noch nicht einmal einen besonderen Vorwurf machen. Eine Industriegesellschaft von der Größe der unsrigen benötigt diese Stoffe. Gewiß, einen großen Teil von ihnen kann man wieder gewinnen und zweimal, zehnmal oder hundertmal wieder verwenden. Immer jedoch entstehen Verluste an diesen wertvollen Metallen, die sich nie wieder rückgängig machen lassen. Vielleicht hilft unseren Urenkeln da die Weltraumfahrt, die wir heute mit einer gewaltigen Energieverschwendung eigentlich nur als Hobby betreiben. Der Mond ist unglücklicherweise zu klein, als daß er als eine besonders ergiebige Quelle von Metallen dienen könnte. Aber auch hier wieder hat uns die Natur eine großartige Chance angeboten. Zwischen den Planeten Mars und Jupiter kreist eine große Zahl von Kleinstkörpern, die ihren Ursprung vermutlich einer katastrophalen Zerlegung eines größeren Planeten verdanken. In der Form von kleinen Asteroiden und Planetoiden umkreisen sie dort die Sonne, und sie sind in ihren Bahnen um unser Zentralgestirn noch für viele Jahrmillionen sicher aufgehoben. Unsere Urenkel mit einer von uns ererbten und in ihrer Weise weiter entwickelten Weltraumtechnik können sich dann die wertvollen Metalle dort abholen, wenn die Erdkruste erschöpft sein sollte.

Jede Generation freilich muß das Beste tun, was sie auf der Basis ihres Wissens für die Zukunft als richtig ansieht. Für uns wäre es töricht, etwa auf die mystische Existenz einer »Q-Energie« zu vertrauen und unsere Urenkel dem unsicheren Schicksal zu überlassen, daß sie sie – hoffentlich – rechtzeitig entdecken. Die Wahrscheinlichkeit, daß es so etwas gibt, ist zwar nicht sehr groß. Indessen, schon viele Wissenschaftler sind bei Voraussagen ziemlich hereingefallen, wenn sie behaupteten, daß es »so etwas niemals geben könne«. Mit dem Wachstum unseres Wissens über das Wesen der Natur jedoch ist auch die Sicherheit unserer Voraussagen für die Zukunft gewachsen. Jedenfalls sollten wir unsere Urenkel nicht einem ungewissen Schicksal überlassen, indem wir sie durch rücksichtslosen Verbrauch der fossilen Energiequellen jeder Möglichkeit berauben, ihrerseits eine wissenschaftliche Zivilisation fortzuführen. Das dürfen wir nur tun, wenn wir ihnen den Schlüssel für eine Energiequelle vererben, die den Fortbestand der Menschheit wenigstens für die nächsten Jahrtausende sichert.

Wie dem auch sei, wir müssen die Naturgeschichte unseres blauen Planeten und uns selbst auf ihm in den richtigen kosmischen Maßstäben sehen. Der Titel dieses Buches lautet »Stirbt unser blauer Planet?« Die Antwort darauf lautet »Nein!«

Alles, was wir mit unserer schon einschneidenden Tätigkeit bewirken können, ist eine kurzfristige Zerstörung unserer Umwelt, die für uns gefährlich oder sogar tödlich werden könnte. Das Alter der Menschheit, verglichen mit dem Alter der Erde, ist geradezu grotesk klein: Knapp zwei Millionen Jahre gegenüber mehr als vier Milliarden Jahren. Erst in den letzten 100 Jahren haben wir unserer Erde ein wenig weh getan. Was würde denn sein, wenn wir durch die Vernichtung der uns heute noch so günstigen Umweltbedingungen, durch Vergiftung der Atmosphäre, des Weltmeeres und durch einen rücksichtslosen Verbrauch der uns noch verbleibenden fossilen Energiequellen uns selbst die Lebensbasis entzögen? Die großartigen Kräfte der Natur würden vielleicht 1000 Jahre benötigen, um die Luft wieder zu reinigen. In 10000 Jahren wären die letzten Spuren von DDT zerfallen und in dem Reinigungskreislauf der Atmosphäre und des Meeres verschwunden: Nach spätestens 100000 Jahren wäre auch die letzte Radioaktivität unserer unglückseligen Spielereien mit dem Atom abgeklungen, und nach einer Million Jahren wären vielleicht ein oder zwei Eiszeiten gekommen, welche die verschmutzten Seen wie mit einem Bulldozer überfahren und völlig gereinigt hätten. Gewiß, ein fauler Schlamm liegt heute auf dem Grund der großen Seen dieser Welt, beraubt sie ihres Sauerstoffs und hat sie in stinkende Kloaken verwandelt. Was aber soll denn eine Faulschicht von zwei oder drei Meter Dicke gegenüber einem Gletscher mit einer Mächtigkeit von etwa einem Kilometer, der sämtliche Vertiefungen bis herunter auf 45 oder 40 Grad Breite ausfegt und bis zur Unkenntlichkeit wegschafft und zerdrückt? In einer Million Jahren dann schließlich – wenn in einer nächsten Zwischeneiszeit die Gletscher schmelzen – wird kristallklares Wasser diese Niederungen von neuem füllen, und blitzblanke Seen werden die Landschaft eines wieder völlig neu entstandenen blauen Planeten schmücken. Quecksilber und DDT, radioaktives Strontium und Bleitetraäthyl werden von diesen ewigen Kräften ohne jede Spur fortgeschafft sein. Nein, unser blauer Planet stirbt nicht; wenn wir nicht klug genug sind, schaden wir uns nur selbst.

So dürfen wir es auch nicht dazu kommen lassen, daß vielleicht in zwei Millionen Jahren unser Mond die Erde wie folgt anspricht: »Entschuldigen Sie, gnädige Frau, geht es Ihnen heute wieder besser?« Darauf antwortet die Erde: »Wieso denn? Ach, Sie meinen wohl diese kleine Infektion, die ich vor zwei Millionen Jahren hatte?« Darauf der Mond: »Genau – mich hat es ja auch ein bißchen angepackt, allerdings lange nicht so schlimm wie Sie.« – »Ach,« sagt die Erde »das habe ich eigentlich schon längst vergessen. Seit mehr als anderthalb Millionen Jahren geht es mir wieder so gut wie eh.«

Bildnachweis

Associated Press, Frankfurt am Main: 70, 71. Badische Anilin- & Soda-Fabrik AG, Limburger Hof: 51, 54. Prof. Dr. Ernst Bauer, Nellingen: 110 unten. Luftbild A. Brugger, Stuttgart: 79. Deutsche Presse-Agentur, Frankfurt am Main: 29, 49, 63, 92, 110 oben. Deutsche Verlags-Anstalt GmbH, Stuttgart: 10, 40; Hellmut Ehrath: 21 (nach Klaus Bürkle), 24/25 (nach Bernhard Ziegler), 32, 43, 67 (nach Bernhard Ziegler), 89, 90 (nach Scientific American), 96 (nach Scientific American), 99 (nach Scientific American), 102/103, 112/113 (nach Gerhard Heberer, Homo – unsere Ab- und Zukunft, Stuttgart 1968, S. 113–115), 122, 133; Werner Neidhardt: 59, 125; Bernhard Ziegler: 34, 65, 84, 86. Foto-Present, Essen: 76 Luftbild Max Prugger, München: 72/73. Gerhard Skrobek, Coburg: 62. O. Solyom-Romba: 116. USIS, Bonn-Bad Godesberg: 105. Carl Zeiss, Oberkochen: 11, 12, 13, 14, 15, 45, 136. Vorsatz: National Geographic Society, Washington D. C., USA.